여행의 사고 둘

여행의 사고 둘
여행자의 윤리를 묻다—인도·네팔

윤여일 지음

2012년 11월 26일 초판 1쇄 발행
2013년 3월 25일 초판 2쇄 발행

펴낸이	한철희
펴낸곳	주식회사 돌베개
등록	1979년 8월 25일 제406-2003-000018호
주소	(413-756) 경기도 파주시 회동길 77-20(문발동)
전화	(031) 955-5020 팩스 (031) 955-5050
홈페이지	www.dolbegae.com 전자우편 book@dolbegae.co.kr

책임편집	김태권
편집	소은주·이경아·권영민·이현화·김진구·김혜영·최혜리
디자인	이은정·박정영
디자인기획	민진기디자인
마케팅	심찬식·고운성·조원형
제작·관리	윤국중·이수민
인쇄·제본	영신사

ⓒ 윤여일, 2012

ISBN 978-89-7199-512-9 04980
ISBN 978-89-7199-510-5 (세트)

책값은 뒤표지에 있습니다.

이 도서의 국립중앙도서관 출판시도서목록(CIP)은 e-CIP 홈페이지(http://www.nl.go.kr/cip.php)에서 이용하실 수 있습니다. (CIP제어번호:CIP2012005272)

여행의 사고 _둘

여행자의 윤리를 묻다 — 인도·네팔

윤여일 지음

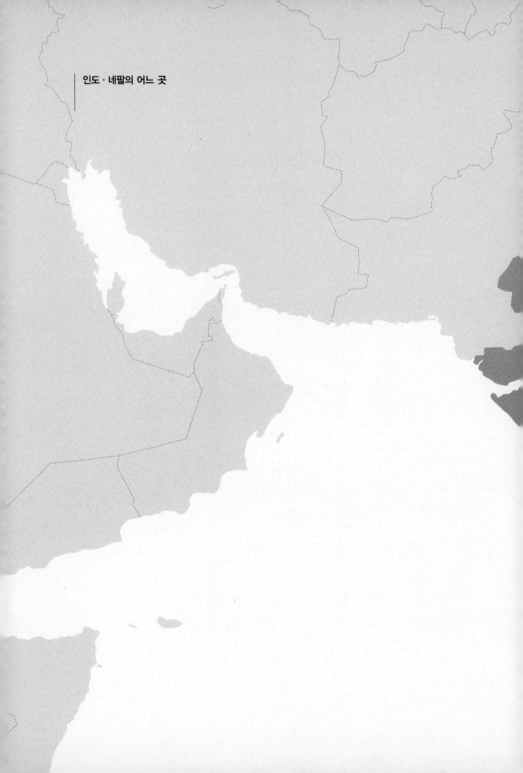

인도 · 네팔의 어느 곳

맥그로드 간즈, 달라이 라마와 정치 감각

리시케시, 동양과 서양 혹은 서양 속의 동양

네팔

델리, 여행자의 윤리

도시의 시간과 얼탈의 장소, 안나푸르나

여행이 공정하다는 의미, 카트만두

바라나시, 유한과 영원

부다가야, 길 위의 윤리

콜카타, 정체를 알 수 없는 지체

인도

차례

인도의 이중성,
인도를 향한 양가감정

양가감정

인도는 여행이라는 말과 잘 어울린다. 인도로 여행을 떠나면 체험은 증폭되고 감상은 농밀해진다.

대륙은 광활하다. 대기는 습하다. 공기에서는 차와 꽃의 향기가 난다. 벌거벗은 고행자는 유유히 거닌다. 아이들은 천진난만하다. 기차는 낡았다. 신전은 보기 좋게 부서져 있다. 물소 떼는 들판 너머로 사라진다. 인도는 낭만적 사건이 들어차 있을 것 같다. 경이로운 드라마가 펼쳐지고 나를 위한 방황이 시작될 것만 같다. 생동감으로 충만한 삶을 발견하고 위대한 자유에 눈을 뜰 것 같다. 인도 여행은 넓고 깊으며 지극히 이국적이다. 더구나 저렴하다.

나 역시 인도로 떠나는 무수한 여행자들 가운데 한 명이다. 7년 전 인도를 다녀오고 나서 인도는 내게 여행의 원점과도 같은 곳이 되었다. 여행이란 말을 들으면 그 말의 연상은 인도를 거치고 나서야 다른 곳으로 흘러간다. 작년 조카가 태어났을 때 20년 후에 보내주겠다고 누나와 약속한 곳도 인도며, 입대를 앞둔 사촌 동생에게 떠나보라고 강권했던 곳도 인도다.

그러나 인도를 다녀온 사람들은 인도에 대한 호오好惡가 크게 갈린다. 사촌 동생이 그랬고, 먼 훗날 조카도 그럴지 모른다. 물론 어느 곳을 다녀오더라도 그 사회에 대한 인상은 사람마다 다르기 마련이지만, 인도는 그 격차가 더욱 크게 벌어진다. 돌아오자마자 향수병에 걸린 것처럼 다시 떠날 계획을 세워 해마다 인도를 찾는 사람이 있는가 하면, 인도에 심하게

데어 잔뜩 험담을 늘어놓는 사람도 있다. 사람이든 냄새든 인도의 무언가가 신경을 묘하게 긁는다는 사람도 있다. 그것은 좋아하든 싫어하든 인도 사회가 이질적이기 때문이다. 인도는 동경의 땅이자 여전히 불가사의 한 나라다.

인도의 이국성은 종종 여행자들에게 이중성으로 비쳐진다. 인도에는 고상한 철학과 허무맹랑한 미신이 함께 있다. 역사만큼 오래된 전통의 속박과 체제 변화를 꾀하는 급진주의가 공존한다. 명상과 금욕이 한편에, 관능의 탐닉이 다른 한편에 존재한다. 영화는 성관계 장면을 보여주지 않고 계몽적 색채가 짙지만, 여배우는 아슬아슬하게 노출의 줄타기를 한다. 도시는 혓바닥처럼 비좁고 더럽고 삭막하다. 그러나 비루하기에 구원이 깃들 것 같다. 아이의 눈망울은 아름답지만 어른의 거친 말은 심장을 상하게 만든다. 인도인은 천진난만하고 순박하거나 아니면 약삭빠르고 이력난 거짓말쟁이며 돈을 밝힌다.

고층 건물 옆에는 토담집이, 성지 맞은편에는 저잣거리가 나란히 있다. 첨단기술 단지 주위에 논두렁이 있고, 공학도와 대장장이가 이웃으로 살아간다. 팔다 남은 썩은 채소, 길 위로 짓이겨진 신문지, 하수 냄새, 기름기로 얼룩진 테이블 등의 세속성이 한 계열이라면 진주, 향료, 대리석, 장미 기름 등의 영원성이 다른 계열을 이룬다. 그리하여 아주 오랜 기간 동안 타 지역의 호사 취미와 과잉 장식의 욕망은 인도의 문을 두드렸고, 그것은 세계사의 운명을 좌우했다.

인도의 이중성, 여행자의 이중적 시선

그러나 이처럼 상이한 단면들을 모아놓고 인도의 이중성이라고 불러봤자, 사실 인도가 이중적인 게 아니라 인도를 보는 자가 이중적으로 보고 있을 뿐이다. 한 사회를 두고 이중적이라고 판단하는 것은 바로 인식하는 자가 그 사회의 바깥에 있다는 증거다. 내부에 있다면 이중적이 아니라 유동적이라고 경험할 것이다.

인도는 어떤 양극으로 수렴되지 않는다. 인도는 다문화적이고 다중심적인 콜라주다. 다양성의 바다다. 인도라는 바다는 시시각각 형형색색으로 변한다. 그 격랑의 너울 아래 수천 년의 시간이 축적된 '문화'라는 심해수가 흐른다. 인도는 과잉이다. 하나의 관점에 담기지 않는다. "인도"라고 입모양을 만들 때, 그것은 한 나라의 이름을 발음한 것이며, 대륙 규모의 땅을 부른 것이며, 수백 개의 언어·문화적 공동체를 일컬은 것이다.

그럼에도 인도는 또 다른 이중성으로 포착되어 알 만해진다. 이번에는 문명의 이중성이다. 인도는 고대 문명의 발원지이나 현대 문명의 오지다. 인도에서는 인류의 과거가 살아 숨 쉬고 있으며, 2만 년 동안 이어온 대서사시가 오늘날까지 이어지고 있다. 인도는 현실 속의 과거다. 그렇게 인도는 정신적 영토로 묘사된다. 그리고 오래된 정신은 오늘날의 인도를 옭아매고 있다.

인도의 서적에는 종종 천문학적인 숫자가 나온다. 자신이 자신을 낳은 우주 진화의 시조 브라마는 200억 년을 살았다. 세상과 동떨어져 지내다가 다시 세상에 나오자 1만 년이 지나 있었다. 그런 시간은 합리적 의미를 갖지 않는다. 흘러가는 산문적 시간이 아니라 비약하는 운문적 시간이다. 그러나 그런 시간은 여전히 인도라는 세계를 붙들고 있다. 그래서 현대 문명의 시간 속에서 온 여행자들은 인도에서 자문화의 과거를 보며 유권해석을 내린다.

그런데 문명의 시간에서 온 여행자들의 시선은 이중적이다. 그들은 문명화되지 않았다며 인도의 고루한 삶의 양식에 혀를 차지만, 동시에 문명의 때가 묻지 않은 과거의 시간 속에 인도가 남아 있기를 바란다. 그리하여 이중적인 시선처럼 여행자들의 글도 이원화된다. 여행자들은 한편으로는 정의감에 불타 문맹, 유아 결혼, 여성 차별, 노예 노동을 문명자의 입장에서 고발한다. 그러나 다른 한편으로는 인도의 장구한 시간 속으로 몰입해 들어가 감상으로 가득한 자전적 글쓰기를 쏟아낸다.

신의 정신, 인간의 형상

인도라는 세계에 독특한 음영을 부여하는 한 가지 요소는 힌두교의 세계관이다. 힌두교는 범신론을 취하고 있다. 하나의 본질이 세계 전체를 뒤덮고, 모든 개체에 생명과 영혼을 불어넣어 삼라만상은 장미향으로 가득 찬다. 장미향 꿈은 현실을 농락하며 현실을 대신한다.

힌두교의 범신론은 그리스 신의 세계와 다르다. 정신의 힘으로 감각적 소재에 새로운 형식과 내용을 부여하는 것이 아니라, 감각적 소재는 이상화되지 않고도 그 모습 그대로 신격화된다. 신은 초월적 존재가 아니라 감각적 형태가 된다. 그리하여 유한한 사물도 신의 지위에 오른다. 태양, 달, 별처럼 천상의 것은 물론 강, 소, 앵무새, 원숭이, 나무, 꽃도 신으로 추앙된다. 정신과 자연의 영역은 경계를 잃고 몽환적으로 하나가 된다.

신의 본질이 인간 행동을 규제하는 보편자이며 그렇기에 도덕을 낳는다고 한다면, 인도에서 신은 불안정하고 변하기 쉬우며 어떤 의미에서 저차원의 불순함을 띤다. 유한한 것이 신격화되니 신은 격하된다. 비속의 극치에서 고귀함의 극치로, 왜소함의 극치에서 품위의 극치로 공상이 내달리는 세계관은 조잡해지고 만다.

따라서 타 종교에서 신이 육신을 갖는다면 그것은 각별한 일이 될 터이나 힌두교에서는 특별한 일이 아니다. 신이 인간의 몸을 취한 형상이 바라문이다. 바라문은 살아 있는 신이다. 그들의 주된 임무는 『베다』를 읽는 것이다. 바라문은 『베다』를 읽는 특권 계층이지만, 엄청나게 많은 계율을 지고 살아간다. 그 계율에 관한 내용이 『마누법전』의 핵심을 이루고 있다. 그런데 어떤 계율들은 아무래도 상관없어 보이기도 한다.

바라문은 정해진 발을 먼저 디뎌 일어선다. 몸은 강에서 씻는다. 다만 알몸이면 안 된다. 머리와 손톱은 둥글게 깎는다. 귀에는 금귀고리를 단다. 낮에는 북쪽을 향하고 밤에는 남쪽을 향한다. 그늘에 있으면 방향을 개의치 않아도 된다. 걷다가 하급 카스트와 마주치면 때가 타니 발길을 돌려야 한다. 해가 뜨거나 지는 것을 바라보아선 안 된다. 구름에 가려진 태

기독교는 신의 이미지를 멀리한다. 십계명의 제1계명은 유일신 이외의 다른 신을 섬기지 말라고 명하며, 제 2계명은 그림이나 조각으로 표현된 이미지들을 죄악시한다. 모세가 시나이 산에 올랐을 때 신은 모세에게 자신의 모습(이미지)을 드러내지 않고 십계명이 적힌 판(기호)을 전해주었다. 그러나 산에서 내려왔을 때 모세는 황금 송아지(이미지)에 절하는 백성들을 보고 격노한다. 반면 힌두교는 황금 송아지를 포함해 다양한 이미지의 활용을 허용한다. 힌두 경전에는 3억 3,000의 신이 존재한다. 어떤 신들은 자연 현상이나 악마적 힘, 심지어 재난을 인격화한다. 심오한 일원론과 정령 신앙이 결합되어 힌두교는 사방으로 가지가 뻗고 뒤 얽히는 반얀나무처럼 성장해왔다.

양과 물에 비친 태양을 봐서도 안 된다. 송아지를 붙들어둔 줄을 넘어가서도 안 된다. 비 오는 날에는 외출하지 않는다. 아내가 식사나 재채기, 하품을 할 때 흘긋 봐서는 안 된다. 용변을 볼 때는 대로변, 잿더미, 밭, 산, 흰개미 소굴, 장작 위, 무덤, 강가를 피해야 한다. 용변을 보다가 태양이나 물, 동물을 보아서도 안 된다.

다른 카스트에 속한 자들도 신으로 재생할 수 있다. 그러나 그러려면 헤아릴 수 없는 금욕과 시련, 고행을 거쳐야 한다. 그럼에도 수많은 알몸의 행자들은 적선을 청하며 대륙을 떠돈다. 물론 한자리에서 가부좌를 틀고 금식하며 수행하는 자도 있다. 그들이 도달하려는 의식의 온전한 해방에서 한 발만 헛디디면, 생명력을 소진해 육신의 죽음이 기다리고 있을지도 모른다.

인도론, 인도인론

물론 이상의 내용은 인도라는 세계의 극히 일부에 불과하고, 과장이 끼어 있을지도 모르며, 본질적인 요소가 아닐지도 모른다. 그러나 이런 정보들을 접하면 '인도인의 정신세계'라는 표현을 사용하고 싶어진다. 수억 인구를 한꺼번에 쥐고 싶은 충동이 올라온다.

일찍이 처칠은 말했다. "인도는 추상이다." '인도는 무엇이다'는 섣불리 하기 힘든 발언이다. 처칠은 인도를 하나의 국가로 인정해서는 안 되겠다는 계산에서 저렇게 발언했으며, 저 발언은 인도를 고루한 정신세계에 묶어두는 효과를 냈다. 영국이 인도를 식민 지배하던 시기 영국에서 발간된 인도 지도에는 미얀마에서 발루치스탄까지, 부탄에서 케랄라까지의 땅이 한 색깔로 칠해졌다. 인도양과 히말라야 산맥, 동쪽의 정글만이 자연의 경계선으로 '영국령 인도제국'을 에워쌌다. 그러나 그 안에는 무려 675개나 되는 독립 왕국들이 존속하고 있었다. 그리고 대영제국이 해체되자 '영국령 인도제국'에서는 파키스탄, 방글라데시, 스리랑카 등이 종교적 차이와 이해관계에 따라 인도에서 떨어져나갔다. 아직도 신들의 전쟁은 인간의 피를 부르고 있다.

인도는 독립했고 영국령 인도제국은 분열되었다. 그러나 축소된 인도도 대륙의 규모다. 거기에 인도의 복잡성이 넓이를 더한다. 인도에는 적어도 네 가지 개별 인종에 속하는 4,636개의 공동체가 존재한다. 그리고 300여 가지의 언어가 사용된다. 인도의 지폐에는 영어와 아라비아 숫자를 포함해 총 16종의 문자가 액면가를 표시하고 있다.

인도는 거대하다. 그래서 일반화하기 힘든 현실 대상이지만, 바로 그렇기 때문에 일반화하고 싶은 욕구의 대상이 된다. 처칠보다 이른 시기에 헤겔은 이렇게 말했다.

출생에 따라 속해야 할 계급이 정해지고, 더욱이 오로지 관념적으로만 고양되기 쉬운 정신을 지닌 인도인은, 명확한 논리적 내용을 관념적으로 이상화하거나 낮은 차원의 감각적 차이로만 파악한다. 이래서는 역사를 쓸

수가 없다. 모든 사건은 혼란스러운 몽상이 되어 사라진다. 역사상의 진리나 진실, 사건의 지적이고 합리적인 파악, 정확한 기술 등은 인도인에게는 전혀 문제가 되지 않는다. 인도인의 과민하고 취약한 식견으로는 참을성 있게 사실에 맞서 명확하게 파악하는 일 따위는 불가능하다. 그들이 감각적 내지 공상적으로 파악하는 방식은 환각과 비슷하다. 자기가 잘 아는 것에 대해서는 뻔히 알면서도 의도적으로 거짓말을 한다. 인도인의 정신은 몽상과 부유를 본업으로 삼아 자기를 잃고 해체해가기 때문에 대상 역시 허공을 떠다니며 현실성을 잃은 터무니없는 관념으로 변질된다. 바로 그곳에 전혀 꿈쩍 않는 인도인의 속성이 있다.

헤겔은 인도인에 관한 전형적 이미지를 구축해놓았으며, 그 이미지는 오늘날에도 인도인에게 투영되고 있다. 물론 헤겔은 인도인의 맞은편에, 아니 인도인의 상위에 독일인을 세워둘 심산이었다. 물론 이제 헤겔과 같은 낙인의 언어는 희석되었지만, 인도인론은 오늘날에도 인도 여행기의 도처에서 발견할 수 있다.

인도의 종교들은 우리 종교들과 다를 뿐 아니라 동시에 인도에서는 종교가 삶의 전부를 감싼다. 종교적 이념은 체험을 완전히 파고든다. 인도인들은 헤아릴 수 없을 만큼 많은, 낯설고 이해 불가능한 의식들 속에서 자신들의 종교를 영접하면서 생활하고 있다.

인도인들은 인생에서 네 가지 기본적 단계가 있다고 말한다. 어릴 때는 공부하고 기술을 습득해야 한다. 이것이 금욕적 학생으로서 보내야 하는 첫 번째 단계며, 그다음 성인이 되면 결혼해서 가정을 꾸릴 시기다. 이 시기에는 부와 권력, 그리고 세속적 즐거움을 추구한다. 세 번째 단계는 손자를 얻고 나서 은퇴한 뒤 산림지대에서 사는 것이며, 마지막 단계는 사회적 책임을 완수한 후 종교와 신을 추구하며 해방을 성취하는 것이다.

정신의 땅

인도 전 지역에서 목격한 일인데, 운전사들은 그날 아침 맨 처음으로 차에 오를 때 자기가 운전하는 차의 페달에 오른손을 댔다가 이마로 가져가며 기도를 드린다. 그리고 길거리의 구멍가게나 버스와 트럭, 택시와 릭샤를 가릴 것 없이 자신이 믿고 의지하는 신상을 모시고 있다. 그들은 때때로 그 신상 앞에 향을 사르고 꽃을 공양한다.

여행자의 글에서 거대한 인구와 무수한 공동체가 공존하는 인도는 종종 조그마한 마을처럼 묘사된다. 그리고 여행자는 인도의 어디를 가든 낮은 계층의 사람과 만나 자유롭게 이야기를 나누고 이해한다. 인도의 식민 지배를 위해 인도의 수많은 언어를 이해하려고 애쓴 18세기 영국 언어학자들의 노력이 무색할 지경이다. 혹시 영어로 대화를 나눴더라도 서로 영

어가 능통하지 않다면 한정된 어휘만을 주고받았을 텐데 짧은 대화로도
인도인의 내면세계를 간파해낸다.

인도에서 종교는 과거와 현재를 불문하고 인간의 삶과 죽음에 크게 영향
을 미친다. 종교가 하나의 신앙과 인습으로서 외부에서 인간의 생활을 규
제하는 것이 아니라, 사람들의 내면에서 그 삶과 죽음을 떠받쳐주고 있다
는 느낌이다. 그렇기 때문에 종교를 갖지 않고 산다는 것은 그들로서는 도
저히 이해할 수 없는 일이다. 그들은 그것을 마치 공기를 마시지 않고 살아
간다는 뜻으로 받아들인다.

여행자의 눈에 인도의 종교와 인도인은 포개져 있다. 인도인은 명상가
처럼 비친다. 육체는 곯더라도 궁기를 풍기지 않고 정신은 풍요로우며, 비
록 가난해도 행복하리라는 감상은 얼마나 오만한 것인지. 그리고 때로 인
도는 죽음과 영원의 땅으로 묘사된다. 그것은 또 하나의 상투형이다. 인도
에 가면 삶과 죽음의 의미를 생각하게 된다는 식이다.

그러나 명상가는 있지만 생활자는 없는 곳인 양 고단한 살림살이에는
주의를 기울이지 않는다. 그리하여 주름이 자글자글한 노인의 얼굴, 만원
버스의 지붕 위로 꽉꽉 올라탄 사람들은 좋은, 인도다운 피사체가 된다.
카메라에 의해 그들의 표정은 삶의 맥락에서 뜯겨져 나온다. 그들은 무력
한 희생자들이다. 여행자는 원색 찬란한 인도의 이미지를 총천연색 사진
첩에 담아 자랑스레 흔들 것이다. 존재한 적도 없는 자신의 과거를 향수하

듯이 사진을 소비하고 환영으로 포만감에 젖을 것이다.

정신의 땅 인도로 떠난 여행자는 성자가 되어 돌아온다. 인도는 모험가의 고향이며, 정신이 고양되는 땅, 낭만을 부추기는 땅이다. 반복과 과장된 운율, 자신만만한 어투의 『베다』를 읽고 『우파니샤드』를 칭송하며 요가와 명상의 나라로 인도를 기린다. 브라만과 아트만은 하나가 되고 만트라는 우주에 가득 찬 에너지를 전한다. 정신은 지상에서 한 발 떨어져 있다. 인도는 타락한 물질세계의 영원한, 따라서 시간에 노출되지 않는 정신적 대안인 것이다.

동양과 인도

인도는 현대인이 상실한 목가적 순수함, 정신적 찬란함을 간직하고 있다. 그런 기대와 환상 속에서 인도는 자주 과장되고 낭만화된다. 마술적이고 신비하며, 이국적이고 아슬아슬한 긴장감을 준다. 이처럼 부풀려진 시각은 인도의 정신만이 아니라 사회정치적 현실을 단순화하고 왜곡한다. 그런데 인도를 향한 위험한 감상은 아주 오래된 역사적·문명적 유래를 가지고 있다.

오랫동안 유럽인들에게 인도는 동양의 일부이자, 그 지리적 규모와 역사적 깊이로 말미암아 동양을 대변하는 세계였다. 유럽은 자신의 선입견과 가정에 근거해 동양을 전유했다. 서양은 타 문화를 죄다 집어삼키는 잡식성이었기에 서양일 수 있으며, 동양, 그중에서도 인도는 서양인들에게 남겨진 매혹적 신화이자 반서양적 요소가 맺히는 편리한 영사막이었다. 거기에는 화려함, 교활함, 사악함, 순수함, 잔인함, 관능성, 위협성이라는 이중적 이미지가 동시에 투사되었다. 인도는 신비스럽다. 어둠과 미지의 영역이며, 여성적이고 육감적인 데다가 억압되었으나 쉽게 분출한다. 인도를 향한 이런 고정관념은 찬사에서 비난에 이르기까지 온갖 혼란스러운 견해들을 낳았다. 각각의 양상은 다르지만 인도에 대한 편견은 동양이라는 필터를 통해 포착되어온 것들이었다.

먼저 인도는 오래된 지혜의 샘이자 영감의 원천으로 인식된 바 있다. 19세기 유럽으로 흘러들어온 산스크리트어 텍스트가 일으킨 지적 혁신은 콘스탄티노플 함락 이후 유입된 그리스어 필사본에 비견할 만했다. 그러나 유럽인이 매료된 인도는 당대의 현실이 아닌 고대의 경전인 인도였다. 특히 『베다』는 정신주의의 보고였으며, 『바가바드기타』는 성서와, 우파니샤드는 칸트와, 붓다는 예수와, 자연주의는 그리스 과학과 어깨를 나란히 한다는 상찬도 나왔다. 물론 볼테르는 인도의 '다신론적 찌꺼기'를 경멸했고, 칸트는 인도를 "수많은 미신적 사물로 불순해진" 썩어가는 문명이라고 비난했지만, 한 시기 유럽의 지식인과 대중은 인도에 열광했다.

그러나 유럽인은 '인도인이 아닌 인도', '오늘이 아닌 어제'에 관심을 가졌던 것이다. 살아 있는 인도, 격동하는 인도는 고매한 정신세계를 상실한 타락한 인도이며, 따라서 가짜 인도로 비쳐졌다. 인도학의 대부로 불린 독일의 막스 뮐러는 자신이 인도에 가지 않은 것은 물론 제자들이 인도에 가는 것도 막았다. 현재의 인도는 진짜 인도가 아니라서 가볼 필요가 없다는 것이었다. 진정한 인도는 황금시대의 유물과 유적을 남긴 채 잠들어 있다. 신화와 전설, 비밀을 간직한 채 잠든 미녀는 유럽인의 입맞춤으로 깨어나야 할 운명이었다.

인도 정체론

한편 정신주의적 인도의 맞은편에 정체된 인도가 있다. 헤겔은 동양을 인간의 '유년기'라고 비유했으며, 아시아를 "일출과 기원의 대륙"으로 묘사했다. 그중에서도 인도는 근대 문명에 도달하지 못하고 고인 물처럼 정지된 사회이자 최후의 봉건적 토양으로 여겨졌다. 인도는 고대의 찬란한 정신적 유산을 가지고 있지만, 바로 그 유산이 현재를 짓눌러 찬란한 고대 문명과 오늘날의 지체된 문명 상태가 선명한 대조를 그리는 땅으로 묘사된다. 거리에는 여전히 소가 어슬렁거리고 코브라가 춤을 춘다.

한때 칭송받았던 인도의 정신은 이제 인도의 현재를 옭아매는 족쇄라고 비난받는다. 여행자 역시 작위를 주다시피 인도의 영적 우수성을 추어올리다가도 불편함을 겪으면 적대자를 대하듯이 고루함을 부각시키고 혐오감을 드러내며 문명의 이름으로 단죄한다.

인도의 정신세계는 비합리적이며, 정적주의에 물들어 있다. 하나의 가치는 결국 다른 가치와 동등하니 굳이 애써 추구해야 할 최종적 가치란 없

다. 그리하여 기준을 잃은 윤리는 목적 없는 냉소주의나 허무주의에 자리를 양보한다. 무언무행의 사상은 꿈결같이 몽롱하여 정치적 행동을 수반하지 않는다. 욕망을 가라앉혀 무와 하나가 되어 활동 없는 순수 수동 상태를 지향한다. 공허한 무념무상은 정신의 피안을 찾는다. 그리하여 인도 사회에는 거대한 숙명론이 지배한다. 정신은 까닭 없이 헤매고 구원을 찾아 헤어날 길 없는 예속 상태에 빠진다. 정신은 신비주의로, 의지는 비관주의로 물든다.

바로 지금도 인도는 현대 문명의 부적응자로 묘사되고 있다. 한국의 신문에서 인도는 대개 열차 탈선, 홍수, 지진 등으로 대규모 인명 피해가 발생해야 등장한다. 단 몇 줄로 몇백 명의 목숨을 보도하지만 "또 열차 탈선"이라는 형태로 지면에 오르니 독자의 통각을 자극하지 못한다. 차라리 이런 기사들은 인도를 자연재해 혹은 인재에 대비하지 못하거나 사후 처리에 애를 먹는 미발전의 나라로 그려낸다. 때로 독자들은 그렇듯 불행한 기사를 보며 비교우위 속에서 자신의 행복을 확인할지도 모른다.

그리고 인도인들은 인도와 더불어 스테레오타입화된다. 사람살이의 어떤 면모를 골라내어 그것이 마치 인도인의 본질, 적어도 인도가 정체하는 이유인 것처럼 위장한다.

인도인은 성관계 뒤의 사정이 정력을 쇠퇴시키고 신체의 움직임을 엉망으로 만든다고 여긴다. 대신 금욕을 하면 정액이 위로 올라가서 영적 생활의 에너지가 되는 동시에 신체적 능력도 증진한다고 믿는다. 12년 동안 금욕을 완벽하게 실천하면 해탈로 직행한다!

　인도인들은 보통 당신이 듣고 싶은 말을 하거나, 당신이 듣기를 원할 것이라고 생각하는 말을 들려준다. 금요일까지 준비될 것이라고 말하는 재단사나, 당신이 찾는 자리가 바로 앞에 있다고 확인해주는 사람은 사실 "진실한 것보다 즐거운 것을 말하는 편이 낫다"는 격언을 따르고 있는 것이다. 이런 유의 동의나 찬성을 조심해야 한다.

　소위 제1세계 사람들을 대상으로 해서는 좀처럼 꺼내지도 못할 '천성'이라는 말을 인도인에게는 쉽게 들이댄다. 인도인의 숙명론도 운운한다. 인도인을 둘러싼 단편적 이미지와 이야기는 무수히 생산되지만 그것들은 어떤 소실점을 향해 배치되어 있다. 그 소실점은 인도인을 반문명, 반현대의 이미지로 본질화하고 있다.
　그러나 다시 말하지만, 인도인의 진실은 그 소실점에 담기지 않는다. 거꾸로 인도를 향한 외부인들의 욕망이 그 소실점을 낳고 있다. 인도와 인도인에 관한 이미지에는 외부인들의 허영과 허기가 반영되어 있다. 인도를 향해서는 아주 오랫동안 낭만주의라 부를 만한 것이 존재해왔다. 그러나 그 낭만주의는 어떤 사상사적 사조가 아니다. 공상적 타자에게로 도피해 정신의 위안을 얻고 자신의 잃어버린 꿈, 존재한 적 없는 과거를 찾으려는 시도다. 그런 상상적 시도 속에서 고매한 인도, 천박한 인도, 순수한 인도, 타락한 인도는 얼마든지 공존할 수 있다.

그리하여 합리성에 지친 자들은 인도에서 비합리성을 찾는다. 실증주의가 유행할 때 인도는 고대 과학의 땅이 된다. 실존주의자들에게 인도만한 실존의 땅은 없다. 포스트모더니즘이 유행하자 인도는 알고 보았더니 포스트모던적이기까지 하다. 그렇게 실증주의적 인도, 실존주의적 인도는 쓰고 나서 버려진다. 이렇듯 파편화된 인도 이미지는 인도의 실상에서 나오는 것이 아니다. 인도가 역사 바깥의 사회처럼 보인다면, 그것은 현실의 고苦를 초월하는 무시간 존재의 상태를 열망하는 누군가가 있기 때문이다. 인도가 낭만의 땅으로 비쳐진다면 그것은 누군가의 고독감과 불안감, 권태감과 소외감의 징후다. 인도라는 이미지는 외부인의 백일몽이다.

아름답게 보인다는 것

"어떤 것을 아름답다고 경험한다는 것, 그것은 부득이하게 잘못 경험하고 있는 것이다." 니체의 말이다. 어쩌면 니체야말로 방사성을 띠는 그의 아포리즘이 너무도 쉽사리 타인에 의해 '아름답게' 인용되는 사상가일 것이다. 나 역시 그 혐의에서 자유로울 수 없다.

아무튼 니체는 아름다움이라는 감상에 관한 저런 지적을 남겼고, 나는 그 지적이 필요하다. 인도는 아름답다. 아름다울 수 있다. 어떤 피사체라도 인도에서 찍어온다면 아름다워질 수 있다. 인도라는 이미지는 인도의 현실을 대신해 떠돌아다닌다. 여행자가 현실 인도에 발을 들여놓은 뒤에도 이미지 인도에 자신을 푹 담갔다가 꺼내오는 일은 얼마든지 가능하다. 유적지에 들러 죽 둘러보며 찬란했던 과거에 감탄한다. 유적지를 에워싸고 있는 오늘의 지저분하고 어수선한 거리는 외면한다. 유적지에 가보아도 유적이라는 과거와 관광지라는 현실 사이의 관계, 유적을 가능케 했던 역사와 권력관계에는 관심을 두지 않는다. 볼 만한 유적은 과거에 박제되어 있으며, 생명 활동을 하는 현실은 볼 만한 가치를 갖지 못한다.

나는 니체의 문장을 이렇게 이해한다. 아름답게 보인다는 것은 적어도 보는 이가 대상에게서 그다지 거부감을 느끼지 않는다는 뜻이다. 아름다움이라는 범주 안에 대상을 일반화시킨다는 의미기도 하다. 그러나 대상이 생활의 무게를 짊어지고 있다면 아름다운 만큼 추할 것이다. 보는 이의 마음을 긁는 무언가가 있을 것이다.

대상을 아름답게 응시하면 대상에 감탄하고 있는 자신도 아름답게 비친다. 그런 감상은 방부 처리되어 있다. 방부 처리된지라 인간 생활의 불결한 것들은 그 감상에 끼어들지 못한다. 사람살이가 그저 아름다워 보인다면 그것은 추잡한 허식이다. 살아 있는 것의 신성함은 추하고 왜곡된 곳에서 나온다. 아름다워야 하는 것은 이미 살아 있고 살아 있기에 이미 추하다. 추한 현실에서 발버둥치는 인간은 추한 것이 마땅하다. 인간의 영위라면 더러움이 끼기 마련이다. 인간에게서 새어 나오는 빛은 굴절되어 있다. 거기서 추가 미로 승화되는 어떤 순간이 발생한다.

인도는 분명 풍광과 날씨까지 포함해 기존의 감각중추의 건반에 새로운 음역을 넓혀준다. 자신의 권태에 시달려 인도를 헤매는 이들에게 인도는 그저 정신적 양념에 불과할지 모른다. 그러나 어떤 여행자는 인도에서 인도 이전에 먼저 자신의 기만과 만날지 모른다. 자신이 인도를 둘러싼 기만의 공범관계에 참가해왔음을 자각하게 될지도 모른다. 그 자각이 발생해야 진정 '인도 여행'은 시작될 것이다.

2

콜카타,
정체를 알 수 없는 지체

뜻밖의 행운인 줄 알았다. 그러나 그것으로 며칠간의 행운은 끝이었다.

방콕에서 콜카타로 넘어오기 전 태국의 국경 수비대를 연구하는 사람을 만났다. 애초 인터뷰를 계획했지만, 오고간 이야기가 흥겨워 술자리로 이어졌고 이틀 밤을 내리 과음했다. 그게 발단임은 알고 있다. 콜카타로 건너오는 날 새벽까지 술을 들이켰던 사실도 인정한다. 하지만 급하게 배낭에 짐을 쑤셔 넣고 아침 비행기에 무사히 오르기만 하면 괜찮을 줄 알았다. 속병이 났지만 다행히 옆 좌석이 비어 있어, 기내에서 한 번 게워내고 그대로 누워서 곯아떨어졌다.

스튜어디스가 도착했다고 깨울 때서야 눈을 떴다. 허겁지겁 짐을 챙겨서 내린 공항은 덥고 습했지만, 몸은 오한으로 떨렸다. 그게 전조였다. 입국장에서 공항 직원이 권총처럼 생긴 체온계를 이마로 들이밀 때 설마 하긴 했다. 걱정은 현실이 되었다. 때는 신종 인플루엔자가 세계 곳곳에서 유행하던 시기였으며, 장소는 공항이었다. 그리고 내게서는 38도가 넘는 열이 났다. 이 사실들은 연관성이 없지만, 판단은 내 몫이 아니었다. 같은 비행기로 들어온 승객들은 모두 떠나고 홀로 남겨졌다. 주위의 공항 직원들이 일제히 마스크를 착용하고 웅성대기 시작했다. 상황이 심상치 않다는 걸 눈치챘다.

내게도 마스크를 씌웠다. 다음부터가 힘들었다. 감염 의심 환자는 나한 명인데, 관계 직원은 너무 많았다. 저마다 요구가 달랐다. "혀를 내밀어봐라." 혀를 내밀려 하면 다른 직원은 화들짝 놀라며 "마스크를 벗지 말라니까"라며 나무랐다. 저기로 가라, 돌아다니지 말고 여기 앉아 있어라,

여권을 달라, 여권은 당신이 챙겨라. 카프카적 관료들의 요구로 정신적 몸살까지 찾아왔다. 그렇게 한 시간을 시달리다가 구급차에 올랐다. 나는 이곳에 들어온 바이러스다. 항체들의 저항은 격렬했다.

　나 역시 저항하지 않은 건 아니다. 술병이라고 해명했다. 그러나 상대는 믿어주지 않았고, 사실 나도 내심 지금 몸 상태로 숙소까지 찾아갈 일이 막막했다. 마음 한구석에는 오늘만큼은 내 몸을 저들의 손에 맡겨본들 어떻겠느냐는 생각이 자라나 나를 회유했다.

　오늘 병원에 들어가면 내일 나올 수 있는지 물어봤다. 검사를 받아 음성판정을 받으면 나올 수 있단다. 그러면 병원비를 내야 하나. 병원비는 안 들고 식사도 무료라고 했다. 더 이상 버틸 이유가 없었다. 구급차에 올랐다. 솔직히 인도의 격리병동에서 하룻밤을 보내는 체험을 지금 아니면 언제 해보겠는가라는 계산도 없지 않았다. 뜻밖의 행운으로 여기기로 했다. 그러나 이걸로 며칠간의 행운은 끝이었다.

예감 적중

불안해졌다. 격리병동이 공항에서 두 시간이나 떨어져 있는 줄은 몰랐다. 불안은 현실이 되었다. 병원에 도착했는데 한적한 곳의 격리병동에 의심환자는 나 혼자고 가운을 입은 자들은 여럿이었다. 그 와중에 한 가지는 안심했다. 전염병이 번지는 경우 병원은 감염의 위험성이 가장 높은 장소

콜카타의 국립병원.

기도 하다. 다행히 환자는 나 하나였다. 그러나 병실로 들어가 복잡한 절차와 진찰을 거치는 동안 하루 만에 끝날 일이 아님을 예감했다.

이튿날이면 정상 체온으로 돌아올 줄 알았다. 그런데 병원에 들어와서부터 정말 앓기 시작했다. 도무지 휴식을 취할 수가 없었다. 의료진은 여럿인데 환자는 한 명이니 그들에게는 모처럼 일감이 생긴 셈이었다. 누가 와서 열을 재면, 다른 누가 와서 약을 먹이고, 또 다른 누구는 서류를 들고 오고, 또또 다른 누구는 밥을 가져와 먹으라고 보챈다. 한꺼번에 일어나면 좋을 일들이 쉴 만하면 이어지고 이어졌다.

병인은 배탈이었다. 내게는 신선한 음식이 절실했다. 그러나 밥 담당자는 향신료 냄새가 짙은 현지식만을 공급해줬다. 입을 대기가 힘들었다. 첫날 두 끼를 그렇게 넘기고 이튿날에는 과일을 요구했다. 그러나 그는 병원에는 과일이 없다며 거절했다. 그렇다면 내가 나가서 사오겠다고 말했지만 안 될 일이었다. 돈을 줄 테니 사다달라고 부탁했지만 마찬가지로 안 될 일이었다. 과일 대신 세 시간 단위로 한 움큼씩 약이 주어졌다. 술을 먹고 탈난 속에 밥 대신 약만 들어갔다. 뭘 위한 약인지 설명해주지도 않았다. 약 담당자는 영어를 할 줄 몰랐다. 게다가 그녀는 내가 약을 끝까지 삼켜야만 병실을 떠날 만큼 직업의식이 투철했다.

하루에 약만 다섯 끼 들이켜자 밤이 되었다. 오한을 느꼈다. 체온은 이제 40도를 넘겼다. 몸에서 묽은 것들이 나오기 시작했다. 땀은 침대 시트를 적시고, 콧물은 베갯잇을 적셨다. 밤이 되자 의료진은 떠나고 홀로 남겨졌는데, 떨림을 주체하지 못해 잠을 청할 수 없었다. 자가 진단 끝에 고

단한 몸을 이끌고 밤새 열 번도 넘게 화장실에 가서 속의 거북한 것들을
게워내려고 목구멍에 검지와 중지를 집어넣었는데 효과는 미미했다. 밤
새 그랬더니 성대가 상해 아침이 되자 목소리가 갈라졌다. 이젠 입을 여는
일마저 고역이었다. 내 목소리에 내 신세가 더 비참하게 느껴졌다.

생각은 잠글 수 없다

사흘째 인도식이었다. 안 먹겠다는데 끼니때마다 넣어준다. 손을 대지 않
은 접시는 병실 안 테이블 위에 몇 겹으로 쌓인다. 이제 상한 냄새가 피어
오른다. 먹지 않았다고 접시를 치워주지도 않는다. 치워주지 않는 음식을
쓰레기통에 버렸다가 어떤 봉변을 당할지 몰라 나도 치우지 못한다. 침대
위는 시트고 베개고 흠뻑 젖었고, 쓰레기통은 코 푼 휴지로 가득하고, 내
게서 나온 더운 입김이 병실을 메우고 있다. 내 병실이야말로 비위생 자체
다. 과일을 달라고 단식투쟁, 아니 단식투정을 벌여봤지만 소득은 없다.
성실한 간호사는 오늘도 약 시간을 잊지 않는다.

　그새 손톱이 자랐다. 손톱에 때가 끼었지만 깎을 힘도 씻을 기운도 없
다. 하지만 생각은 한다. 손톱은 내 생명의 일부일까 아닐까. 손톱은 인간
이라는 유기체가 무기체로 바뀌어간다는 살아 있는 증거다. 죽음은 생명
의 반대편에 놓여 있지 않다. 맞은편에 놓인 듯 보여도 삶과 죽음은 등을
맞대고 있다.

이곳 격리병동으로 오면서 내심 흔치 않은 경험을 해보겠구나 기대했던 게 사실이다. 이렇듯 몇 겹으로 포개진 위기 상황은 자주 찾아와주지 않는다. 인간의 생존 능력은 실로 대단하다. 인간은 원하면 불운한 상황에서도 어렴풋한 것을 붙들고 의미를 부여하며 자기 운이 좋다고 믿을 수 있다. 그래서 절망의 문턱을 넘지 않는다. 더욱이 글을 쓰는 자는 지옥 속에서도 숨 쉴 공기를 찾을 수 있다. 지옥에 관한 글감을 얻었기 때문이다. 글을 쓰는 자에게 잃는 것은 잃었음을 얻는 일이다. 상실은 글 속에서 되갚을 수 있다.

하지만 생각이 늘 뜻대로 전개되지는 않는다. 그리고 정작 고통스러운 시간은 생각을 못하는 때가 아니라 도무지 생각을 잠글 수 없는 때다. 몸에 힘이 들어가지 않고 혼미한 채로 며칠을 누워 보내면서 할 수 있는 것이란 생각밖에 없었는데, 정작 나중에는 생각을 멈출 수 있기를 가장 원하게 되었다. 조리가 서지 않은 연상들이 끊이지 않고 분출한다. 연상 사이에는 맥락이 없어, 한번 연상에 연상을 거쳐 오면 후진은 안 된다. 전에 무엇을 떠올렸는지 기억해낼 수가 없다. 잠을 청하나 잠드는 데도 힘이 필요하다. 제 맘대로 널뛰는 생각의 꼭지를 잠그지 않는 한 잠으로 넘어갈 수 없다.

그렇게 망아지처럼 날뛰던 생각이 간혹 그럴듯한 단상에 닿기도 한다. 그 순간 그 단상을 움켜쥐고 싶지만 메모할 힘이 없어 몇 번 더 되뇌다가 다른 연상들에 휩쓸려가곤 한다. 아쉬움만이 남는다. 생각의 단편들은 곧 형체가 흩어져 다음 연상에 기묘한 편린만을 남긴다. 생각 속에서 생각으로 돌아눕고, 생각 속에서 생각으로 한없이 고갈되어간다.

앓고 나서까지 남아 있는 건 아주 엉뚱한 상상이었다. 장소는 서울이다. 밤늦게 연구실에서 돌아와 쓰던 글을 마저 끝내려고 데스크톱을 켰다. 몇 자 적고 있자니 허기가 져 라면을 끓였다. 그런데 급하게 냄비를 들고 오다가 뜨거워 라면을 키보드에 쏟았다. 그런 상황이 발생하면 몇 겹으로 무력해질 것이다.

무엇이 가장 속상할까. 여전히 배가 고프다는 사실, 쏟은 라면을 치워야 한다는 사실, 키보드가 고장 나 작업을 끝마칠 수 없다는 사실, 키보드를 다시 구입하기 위해 다음 날 인터넷 쇼핑몰을 뒤져야 한다는 사실……. 그런데 이런 각각의 화들은 서로 합쳐져서 증폭되기만 할까. 혹시 화날 거리들이 동시에 발생했을 때 서로 상쇄시키는 방법은 없을까. 이런 잡생각만이 남아 있는 것을 보니 병원에서 무척 과민했던 게 사실이었나 보다.

모서리에 부딪히다

나흘이 지나자 업무자들이 마스크를 벗었다. 환자는 나뿐이었으니 첫날 받은 피검사에서 음성판정이 나왔구나 싶었다. 그러나 닷새째가 되어서야 결과를 알려주며 나가라고 통보했다. 병원에 들어와서 몸의 균형이 무너졌지만, 이곳은 전염병 격리병동이니 남아서 치료를 받을 명분은 없었다. 무사히 배낭을 메고 갈 수 있을지 걱정되었지만, 나 역시 더 이상 머물고 싶지 않았다.

다만 공항에서 두 시간이나 달려 구급차가 떨구고 간 이곳이 어디인지 알 수 없어서 꾀를 냈다. 구급차에 실려 오느라 공항에서 환전을 못해 바깥에 나가도 택시를 탈 수가 없다. 그러니 나를 서더 스트리트로 데려다 달라고 요구했다. 예상치 못한 뒤집기 기술이 들어왔다. 루피를 소지하고 있지 않다면 병원 바깥으로 나갈 수 없다는 것이다. 그래서 한발 물러나 가까운 은행이라도 있으면 나가서 환전하겠다고 말했더니 외출 자체가 안 된다는 강경한 입장이었다. 루피가 없어 밖으로 나가지 못하는데, 못 나가면 루피를 구할 수가 없다. 그 딜레마에 하루 더 발목을 잡혔다.

엿새째, 책임자는 공항에 데려다줄 테니 거기서 환전하라고 요구했다. 콜카타 공항은 환율이 나쁘기로 여행자들 사이에 소문이 나 있다. 더구나 소지한 돈이 100달러짜리뿐이어서 환전하면 손해가 크겠지만 가릴 처지가 아니었다. 승낙하고 짐을 쌌다. 내 몸의 흔적이 곳곳에 남은 병실을 떠나려니 서운한 감도 있었다. 그러나 마지막 행정 조처에 또 한 번 걸려 넘어지면서 그런 감상은 이내 사라졌다. 병원에서 나가려면 인도 현지인의 보증 서명이 필요하다는 것이었다. 배낭 여행자를 보증해줄 현지인이 어디 있겠는가. 설령 현지에 지인이 있다고 해도 이 넓은 인도에서 연락하면 어느 세월에 찾아와준단 말인가. 결국 화가 나서 당신들 수상을 알고 있으니 데려오라고 말했다. 괘씸죄였나 보다. 짐도 다 정리한 병실로 돌아와 두 시간 후에야 나갈 수 있었다.

보호받는 신세로 들어갔다가 적대관계로 나왔다. 물론 이상은 나의 입장에서 기술한 내용일 뿐이다. 그들은 자신의 역할에 성실했을 뿐이다. 그 성실함이 내게는 고통이었다. 의도와 결과가 일치하지 않는 것. 이게 여행이다. 하지만 이제 막 시작된 인도 여행에서 몸도 마음도 너무 상했다. 닷새 만에 밖으로 나와 다시 구급차에서 차창 너머를 보고 있자니, 움직이는 사물을 눈으로 쫓는 것만으로도 몸이 지쳤다.

이건 인도에 온 나에게도 내 안의 인도에게도 불행이다. 자칫 신경질적으로 변할 것 같았다. 인도의 모서리에 부딪혔다는 느낌. 당분간 몸을 사리게 될지 모른다.

홀로 다니는 여행

몸이 상했다고 이렇게까지 바닥으로 떨어지지는 않는다. 이건 불안과 외로움이 더해진 통증이다. 한국에서 이만큼 앓았다면 누군가의 보살핌을 받았을 것이다. 그러나 여기에는 그런 손길이 없다. 여행을 나온 지는 한참 되었는데 늦게야 그 사실을 눈치챈다. 나는 지금 또다시 혼자 다니고 있다. 중국의 윈난 성雲南省에서 여행을 시작할 때부터 혼자였지만 이제야 절감한다.

몸이 처지자 전에 없던 불안도 느꼈다. 내가 짜놓은 동선에서 어떤 일이 벌어질지 예측할 수가 없다. 밤길에 골목길의 모퉁이를 꺾어야 뭐가 있는지 알 수 있는 상황처럼 느껴졌다.

"혼자 다니고 있구나."

여행이 거듭될수록 느낀다. 하나는 너무 적다. 그러나 둘은 이미 너무 많다. 홀로 다니면 원하는 대로 동선을 정하고 시간을 할애할 수 있다. 그러나 동행자가 있으면 동행자의 기대에 맞춰 여행지에 관한 나의 반응을 다듬어야 할 때가 있다. 지나친 호기심은 때로 내리눌러야 한다. 발걸음을 맞춰야 한다. 그러나 하나는 자율적이다. 자신의 속도로 여행에 몰두할 수 있다. 동행자와 함께였다면 지나쳤을 곳에 뛰어들 수가 있다.

여행은 혼자인 게 좋다. 더불어 혼자일 수 있다면 더욱 좋다. 여기까지 오는 동안 염세주의자, 강한 자의식의 소유자, 엉성한 혁명론자, 무원칙한 동정주의자, 마리화나 예찬론자와 만나 잠시 동행할 수 있었다. 유머 넘치는 사람을 만나 웃고, 정치적 견해가 비슷한 사람을 만나 떠들고, 그 사회의 난맥상을 듣고, 함께 안개 낀 거리를 걷고, 권주가를 부르고, 술에 취해 철학을 논할 수 있었다. 감히 친구라고 부를 수는 없지만, 그들을 만난 건 내가 혼자였다는 조건도 작용했을 것이다. 여행만큼은 혼자일 때가 둘일 때보다 표면적이 늘어난다. 사람은 사랑도, 행복도, 불행도, 자유마저도 자기 홀로 소유하지 못한다. 결국 상대와 나눠야 한다. 하지만 여행에서는 그 상대가 달라질 수 있다.

혼자라면 자율적이다. 그러나 지금은 혼자라는 게 안정감 없이 떠돌고 있다는 의미로 여겨진다.

바깥의 혼란, 안의 혼란

콜카타로 향하는 배낭족들을 품고 내뱉는 서더 스트리트. 예정보다 일주일 가까이 늦게 공항에서 택시를 타고 그곳으로 향했다. 산뜻한 첫인상을 갖기에는 내 몸과 마음이 지쳐 있었나 보다. 뙤약볕이 내리쬔다. 자동차는 매연을 뿜고 차량 사이로 사람들이 흘러넘친다. 또 그 사람들 사이를 릭샤가 아슬아슬하게 스쳐간다. 형형색색의 간판들은 외잡스럽다. 골목길의 빈자들은 식물처럼 몸을 땅에 붙인 채 구걸한다. 무질서했고 혼돈스러웠다. 비슷한 의미지만 둘 다 적어야 한다.

콜카타 인구의 삼분의 일은 슬럼에 살며 곳곳에 슬럼이 자리잡고 있다는 말을 들었다. 여기서 슬럼이란 콜카타 전역이 슬럼임을 감추기 위한 말일지도 모른다. 미국 전체가 디즈니랜드임을 숨기고자 디즈니랜드가 존재한다던 보드리야르의 말처럼. 촌스럽고 산만하고 지저분했다. 들어오자마자 인도에 데이며 병실에서 갓 나온 나는 소박하게 분풀이하듯 마음속 화와 멸시의 감정을 긁어모아 거리 곳곳에 오물처럼 투척했다. 고생을 안겼기에 시선으로 되갚았다. 거리의 더러운 공기가 아직 비틀거리는 내게 옮아 붙을까봐 결벽증 환자처럼 몸을 사렸다.

확실히 나는 환자였다. 콜카타를 이렇게 묘사하는 것은 도시의 풍경보다 나의 정신 상태를 반영한다. 도시가 혼돈스러워 보이는 까닭은 나의 정신 상태가 혼란스러웠기 때문이다. 한 도시의 다층적 리듬에서 자유를 느낄 수도 있었다. 그래서 찾아온 것 아니던가. 하지만 풍요로운 광경은 홍

분으로 점화되려 하다가 이내 시들었다. 나는 부실한 몸 상태, 여정에 차질이 생겼다는 걱정거리, 관자놀이를 누르는 압박감을 이곳으로 함께 데려왔다.

　무거운 배낭을 내려놓으려고 이것저것 재지도 않고 되는 대로 숙소를 잡았다. 체크인을 하고 보니 전구는 깜빡이고 수도꼭지는 끝까지 잠기지 않아 물방울이 떨어진다. 침대 시트에는 누군가의 머리카락이 남아 있다. 이 침대에서 밤을 보내고 간 수많은 여행자들을 생각하지 않을 수 없다. 그들은 자기 신체의 일부가 남아 있는 것도 모른 채 남쪽으로 떠났을지 모른다. 괜히 깔끔 떠는 게 아니다. 그저 오늘만큼은 깨끗한 시트가 필요하다. 몸을 뉘이니 피로감이 몰려왔다. 혈관 속에서 모래가 지나가는 것 같았다.

밋밋함과 거룩함

초저녁에 곯아떨어졌다가 새벽에 눈을 떴다. 그대로 방 안에 박혀 있을까 싶었지만, 역시 바깥 공기를 마셔야 힘이 붙을 것 같았다. 어제 잠들기 전 숙소 근처에 마더 하우스가 있다는 말도 들은 터였다. 그곳이 어떤 곳인지는 마더 테레사의 명성 때문에 알고 있었다. 숙소를 나와 사람들에게 물으며 찾아갔다. 어제는 눈치채지 못했는데, 골목길에는 공산당 문양이 군데군데 그려져 있고 마르크스, 레닌의 초상도 볼 수 있었다. 인도에는 공산

당의 활동이 합법화되어 있다. 더욱이 서벵골 주에서는 공산당이 집권한 적도 있으며, 주도인 콜카타는 인도 공산당의 본거지 같은 곳이다.

마더 하우스에 도착했다. 인도에 와서 처음으로 마음먹고 찾아 나선 장소다. 그러나 좀더 일찍 나섰어야 했다. 아침 미사는 6시부터다. 도착했을 때는 미사가 끝난 직후였다. 7시에는 함께 조촐하게 식사를 하고 8시에는 자원봉사자들이 봉사 장소를 확인하고 흩어진다. 자원봉사자들은 대개 여행자들이다. 여러 나라의 이방인이 모이다 보니 공지사항을 전할 때는 이뭇언어가 섞인다. 수녀님이 전체 공지사항을 영어로 알리면 자원봉사자들은 나라별이 아닌 언어별로 모여 그 내용을 공유한다.

테레사 수녀가 이곳에 있었다. 지금은 그녀의 무덤이 있다. 그녀 역시 이방인으로 이곳에 왔다. 그러고는 인도인으로 이곳 땅에서 잠들었다. 그녀의 본명은 아그네스 곤자 보야지우. 아그네스는 어린 양을 뜻하며, 곤자는 알바니아어로 장미 꽃봉오리를 말한다. 그녀는 현재 마케도니아 공화국의 수도인 스코페에서 태어났다. 당시는 오토만제국의 영토로 우스쿱이라 불렸다. 핏줄로 따지면 그녀는 알바니아인이었다.

어린 아그네스가 자신의 삶을 신에게 바치겠다고 결심한 것은 12세 때였다. 1928년 18세에 아일랜드의 로레토 수녀원에 들어간 이후 그녀는 평생토록 가족과 만나지 못했다. 인도에 발을 디딘 것은 다음 해인 1929년이었다. 그리고 36세부터 인도를 삶의 근거지로 삼았다. 제2차 세계대전이 끝난 이듬해였다. 그즈음에 그녀는 빈민을 향한 선교와 자선 활동을 '소명 속 소명'the call within the call이라 표현했다. 단돈 5루피를 들고 빈민가를 찾았지만, 1950년에는 '사랑의 선교 수녀회'를 설립할 수 있었다.

그리고 다시 2년이 지난 어느 날, 그녀는 길가에 쓰러져 있는 노파를 발견했다. 이미 생을 다했으리라 여겨 성호를 긋고 떠나려는 순간 노파의 손이 희미하게 떨렸다. 쥐에 뜯기면서도 생명이 남아 있었다. 테레사는 노파를 안고 병원으로 달려갔으나 의사는 진료를 거부했다. 간신히 원장을 설득해 노파를 입원시킬 수 있었다. 그 일이 있고 나서 테레사는 거리에서 스러져가는 사람들이 인간답게 죽음을 맞이할 수 있는 시설을 기획했다. 칼리 사원 옆의 빈집을 빌려 죽어가는 자를 맞이할 수 있도록 준비했다. 또한 '사랑의 선교 수녀회'는 점차 지부를 늘려 빈자, 나병 환자, 버려진 아이들, 노인을 위한 공간을 확장해나갔다.

테레사는 선교사만이 아니라 사랑의 실천자로서 세계에 알려졌다. 1979년에는 노벨평화상을 받았다. 그녀는 빈자, 병자, 사생아, 노인과 함께 기거하며 소박하게 살았다. 그녀의 전기를 보면 그녀는 분명 혹독하고 굴곡진 환경에 처했지만, 그녀의 생애는 일관되었다. 콜카타의 빈민촌에서 빈자, 병자, 부랑자, 고아들과 함께 살다가 신에게로 돌아갔다. 그녀의 전기는 밋밋하지만, 그 밋밋함은 바로 거룩함이다.

무덤과 기도

테레사도 세상으로부터 사랑만 받지는 않았다. 그녀는 가난을 타파해야 할 사회문제로 여기기보다 "가난과 질병은 하나님의 선물"이라며 지상의 고통이 하나님의 축복을 약속해주리라 믿었다. 그녀는 수녀회로 들어온 기부금을 빈민의 생활을 물질적으로 개선하는 데 쓰지 않고 지부를 늘리는 데 사용했다. 또한 빈민의 구제 활동에는 헌신적이었지만 의료, 교육, 최저 임금, 노동조합의 문제 등 빈부 격차의 구조적 문제를 해결하기 위한 사회 개혁에는 나서지 않았다. 불가촉천민에 대한 카스트적 차별을 중지하라고 요구하지도 않았다. 그녀는 빈자를 위로했지만 그녀의 신학은 부자들에게 위험하지 않았다. 정의가 아닌 자선을 설파했기 때문이다. 그래서 인도의 개혁가들은 "가난을 받아들이라"던 그녀의 설교를 '고통의 신학'이라고 비난했다.

테레사는 이혼 및 재혼 금지에 관한 헌법 규정을 철폐할 것인지를 두고 아일랜드에서 국민투표가 진행될 때 서둘러 찾아가 아일랜드 여성들에게 변화는 죄악임을 강론했다. 아이티의 독재자인 뒤발리의 기부를 받고는

타고르와 간디. 델리에 간디가 있었다면 정신의 균형을 이루듯이 콜카타에는 타고르가 있었다. 타고르는 벵골어로 시를 썼다. 『기탄잘리』의 한 소절이다. "헛되이 보낸 많은 날들을 두고 슬퍼졌습니다. 그러나 그것은 결코 잃어버린 시간이 아닙니다. 님은 내 생명의 모든 순간을 친히 님의 손으로 붙들어주셨죠. 님은 사물의 알갱이 속에 숨어 씨앗을 길러 싹트게 하시고, 봉오리를 꽃으로 피우게 하시며, 꽃은 열매로 무르익게 하십니다. 나는 고단해져 침상에 누우며 생각했습니다. 모든 일은 다 끝났노라고. 그러나 아침에 눈을 떠보니 정원에는 꽃의 기적으로 가득했습니다."

그를 축복해주기도 했다. 뒤발리는 해방신학의 노골적인 억압자였다. 그리고 그녀는 과학적 지식보다 믿음을 앞세워 수녀들이 몸이 아파도 도심의 큰 병원에 찾아가지 못하도록 막았다. 그러나 정작 자신은 선종하기 1년 전에 캘리포니아의 일급 병원에서 치료를 받았다. 이런 일들로 그녀는 위선자라는 소리도 들었다.

그러나 바로 테레사였기에 비판이 가중되었으리라고 생각한다. 이 거리에서 내가 그녀 생애의 흔적을 바라보며 감동하는 까닭은 그녀에게 오점이 없어서가 아니다. 신이 아닌 인간의 손으로 이룩한 기적과 그 과정에서 있었을 인간적 고뇌가 이곳에서는 잡힐 듯했다. 무한한 헌신의 밑바닥에는 깊은 인간적 간극이 있었으리라. 그녀는 여러 번 신의 존재에 회의를 품었다.

내 믿음은 어디 있는가? 내 마음 가장 깊은 곳에도 공허와 어둠밖엔 없다. 하느님이 존재한다면, 날 용서하시길 바란다. 천국을 생각하려 애써봐도 공허함이 엄습해오며, 그 생각은 날카로운 칼처럼 되돌아와 내 영혼을 벤다. 이 남모를 고통은 얼마나 고통스러운가? 내겐 믿음이 없다. 사랑도 열정도 없다. 내가 뭘 위해 일하고 있는가? 하느님이 없다면, 영혼도 있을 수 없다. 영혼이 없다면, 예수여, 당신은 가짜다.

예수님은 나를 특별히 사랑하실까? 그러나 나로선, 침묵과 공허가 너무 커서, 보려 해도 보이지 않고, 들으려 해도 들리지 않는다.

테레사 수녀의 묘비. 테레사가 선종한 지 1년이 지났다. 암과 결핵에 시달리던 모니카 베레사는 고인의 몸에 닿은 성모 마리아 목걸이를 손에 쥐었는데 치유의 기적이 일어났다. 이후 테레사를 통해 치유의 은사를 받았다는 증언들이 쏟아졌고 3만 5,000여 쪽의 자료가 사랑의 선교회에 보고되었다. 하버드 대학의 교수인 맥클레런은 테레사 수녀가 불우한 자들을 돕는 기록영화를 병자들에게 보여주자 바이러스와 싸우는 면역 물질이 병자들의 몸에서 만들어진다는 사실을 발견했다. 그는 이를 '테레사 효과'라고 불렀다. '테레사 효과'의 실제적인 역학관계는 증명되지 않았다. 사랑의 선교회는 127개국 4,000여 명의 회원을 가진 단체가 되어 5만 명의 나병 환자를 돌보고 100만 명의 환자를 치료했다. 모니카 베레사에게만 기적이 일어난 것이 아니다. 사랑의 선교회야말로 인간의 의지가 만들어낸 기적이다.

이런 회의를 끌어안은 채 저 헌신에 나서려면 거기에는 어떤 도약이 필요하다. 그것은 신에게는 불가능한, 인간만이 할 수 있는 도약이다. 신을 인간의 힘으로 실증하는 도약이다. 그 도약이 내게 울림을 준다.

마더 테레사는 1997년 이곳 마더 하우스에서 작고했다. 여기에 그녀의 무덤이 있다. 무덤 한쪽의 의자에 걸터앉는다. 이곳은 지금 한 사람의 무덤이자 지친 여행자의 쉼터다. 그렇게 망연히 앉아 있다. 한참 지나서야 무덤 옆에서 무릎을 꿇고 기도하는 수녀의 표정이 눈에 들어온다. 아주 오랫동안 나는 기도하는 법을 잊고 지내왔다. 대학에 들어오고 나서부터였던 것 같다. 하지만 수녀의 엄숙하고도 간절한 표정에 문장으로 형상화할 수 없는 어떤 마음이 머문다. 그 표정을 응시한다. 아주 오랜만에 그녀를 통해 대신 기도를 하는 느낌이었다. 그 일순의 정화 속에서 위로를 받았다. 적어도 그 순간 그렇게 느꼈다.

행복의 도시

또 하루를 보내며 몸을 추스른다. 서더 스트리트에 숙소를 잡고 나서 매 끼니는 노점의 김치국밥으로 때웠다. 내게는 융숭하기 그지없는 식단이었다. 현지인이 골목의 포장마차에서 김치국밥을 만들어 팔고 있었다. 물론 다른 메뉴도 있었지만, 내겐 중요치 않았다. 김치국밥은 며칠 만에 입에 댈 수 있는 일용할 양식이었다. 한 수저를 떠 넣으면 몸은 화답하듯 속이 정리되어간다는 소리를 낸다. 매끼 정성스럽게 복용하듯 먹었다.

이틀 동안 네 끼를 연달아 먹는데, 매번 노점 근처에서 한국에서 온 촬영팀을 보았다. 그들은 5D Mark II 등 고급 장비를 갖추고 줄곧 한 아이를 근접 촬영하고 있었다. 그 모습이 다소 못마땅했다. 커다란 카메라가 아이를 빨아들일 것 같았다. 그래서 나는 그들이 촬영하는 모습을 촬영해 아이 대신 복수해볼까라고 멋대로 생각하고 있었다.

오늘 점심에는 대체 뭘 촬영을 이렇게 계속하는 것인지 물어보기로 마음을 먹었다. 그것은 사진 촬영이 아니었다. 카메라 장비로 장편 다큐멘터리 〈오래된 인력거〉를 3개월째 찍는 중이라고 들었다. 내 옆자리에서 담배를 물고 이것저것 지시하는 분이 감독이셨다. 왜 여기서 촬영하는지를 물어보았더니 이곳의 상인회, 마피아, 경찰 등과 돈으로 술로 10년간 관계를 터놓아서 촬영하기 편하다는 것이었다. 딴 데서 촬영하면 몰려드는 구경꾼, V자를 그리는 아이들, 돈 뜯으려고 위협하는 작당들도 있지만, 여기서는 뒤를 봐줄 사람이 있다는 것이다.

감독은 확실히 동네 사정을 꿰고 있었고 유용하게 활용했다. 감독이 "신문을 읽고 있어야 해", "죽치고 있는 남편이 필요해. 데려와"라고 말하면 스태프들은 감독이 가라는 곳에 가서 금방 공수해온다. 스태프들이 이곳 촬영을 마치고 힌두교도와 무슬림이 함께 사는 마을로 떠날 참이었다. 감독은 조언한다. "거기 깡패들 많으니까 잃어줄 돈을 미리 챙겨둬라." 들어보니 그 아이는 주인공이 아니었다. 〈오래된 인력거〉는 콜카타로 올라와 릭샤왈라(인력거꾼)로 살아가는 한 노인을 기록하고 있었다.

〈오래된 인력거〉의 '연출의 변' 가운데 일부다. "캘커타에서 인력거를 타려다보면, 마음은 인력거 위로 오르지 않는다. 인력거를 타줘야 그들이 먹고살 수 있다. 하지만 마음은 여전히 불편하다. 그건 얄팍한 인도주의에 불과할 뿐이라며, 날선 목소리를 낸다. 고개를 끄덕인다. 그러면서도 인력거에 몸을 싣기 쉽지 않다. 인력거 위에 오르면 고단하게 살아가는 인력거꾼의 관절이나 인력거의 관절이 모두 느껴지게 된다. 그 관절 위에 타고 있으려니, 보이는 관절에 타고 있으려니, 인도 인력거꾼의 인생이 마모돼가고 있음을 보니, 인력거가 슬퍼지는가 보다. 그들의 삶이 가난하지만 행복하다고, 슬프다고 말하기 어렵다. 인력거꾼의 등 뒤에 깊게 패인 순종과 체념을 보면 그냥 눈물이 흐른다. 하지만 그 슬픔이란 것도 가진 자의 낭만성에 불과하다. 맨발의 아버지로서 인력거는 삶의 전쟁터를 달리는 전차다."

식사는 마쳤고, 이제 나도 인력거를 타러 간다. 여기서는 릭샤라 불린다. 릭샤는 력거力車의 일본식 발음이다. 인도에서는 콜카타에만 사람이 직접 끄는 릭샤가 남아 있다. 1871년 일본에서 개발된 인력거는 1900년 중국인에 의해 콜카타에 상륙했고, 1914년부터 릭샤왈라가 손님을 태우기 시작해 오늘에 이르렀다. 릭샤의 무게는 90킬로그램 정도가 된다는데, 60킬로그램 무게의 두 사람만 타도 너끈히 200킬로그램을 넘긴다.

사람이 사람을 끈다. 끌고 가는 사람은 맨발이다. 신발을 신으면 길바닥에서 미끄러지기 때문이다. 더 좋은 신을 신으면 될 것 아니냐고 묻지 말라. 콜카타의 릭샤왈라 가운데 다수는 비하르에서 온 노동자들이라고 한다. 비하르는 20년째 카스트 전쟁을 치르고 있다. 롤랑 조페 감독의 영화 〈시티 오브 조이〉에서 주인공이었던 하자리도 비하르 출신이었다. 생계를 위해 떠나온 하자리와 인생의 벽에 부딪혀 신의 계시를 구하러 온 미국인 의사 맥스는 '환희의 거리'라는 이름의 빈민가에서 우연히 만난다. 하자리는 다우리, 즉 딸의 지참금을 마련하려고 필사적으로 일한다. 〈시티 오브 조이〉에는 이런 대사들이 나온다. "다우리를 벌지 못하면 딸은 시집을 못 간다", "아내는 남편을 따라야 한다", "뒷돈을 주면 경찰도 눈감아 준다", "난 약한 인간이다. 이것은 숙명지어졌다."

'시티 오브 조이'라는 제목은 역설적이다. 미국인 맥스의 시선에 담긴 콜카타 사람들은 지독히 가난하고 혼돈스러운 삶의 환경 속에서도 여전히 순박함과 행복을 잃지 않고 살아간다. 맥스는 절망의 순간에 깨달음과 구원을 찾아 콜카타에 왔다가 자신을 희생해 가난한 인도인을 구한다. 그리하여 암울한 현실은 행복한 결말로 바뀐다. 그런 내러티브는 억지스럽다. 그러나 현실이 억척스럽기에 오히려 '구원'이란 말은 그다지 낯설지 않게 느껴진다. 서툰 감상이다.

릭샤 위에서

콜카타에서 릭샤왈라는 점차 사라지고 있다. 주정부는 시내의 차량 속도가 시간당 9킬로미터로 교통난이 심각해지자 릭샤를 주요 원인으로 지목해 "릭샤를 끄는 일은 인간 이하의 노동"이라는 명분을 내세워 릭샤를 없애겠다고 발표했다. 1997년에는 신규 면허증 교부를 중단했고, 2006년에는 릭샤 운행금지 법안을 의결했다.

　릭샤를 불러 세우는 것이 인간 이하의 노동을 부리는 일인지도 모른다. 그러나 내게는 릭샤가 필요하다. 내 다리로는 힘이 부쳐 릭샤에 의지해 거리를 활보하고 싶다. 나이 든 릭샤왈라가 내게로 다가왔다. 값을 부르고 있는데, 젊은 릭샤왈라가 끼어들었다. 만약 값을 물어본다면 둘을 경쟁시키는 꼴이 될 것이고, 젊은 릭샤왈라가 값을 낮게 부르면 그 사람을 써야 할 것이다.

　오래된 인력거를 선택했다. 행선지는 정하지 않고 시간으로 삯을 매기기로 했다. 릭샤는 골목길을 달린다. 소들 사이를 지나고, 날림으로 가설해놓은 건물들 사이를 빠져나간다. 화물차가 오는 바람에 길가로 밀려났

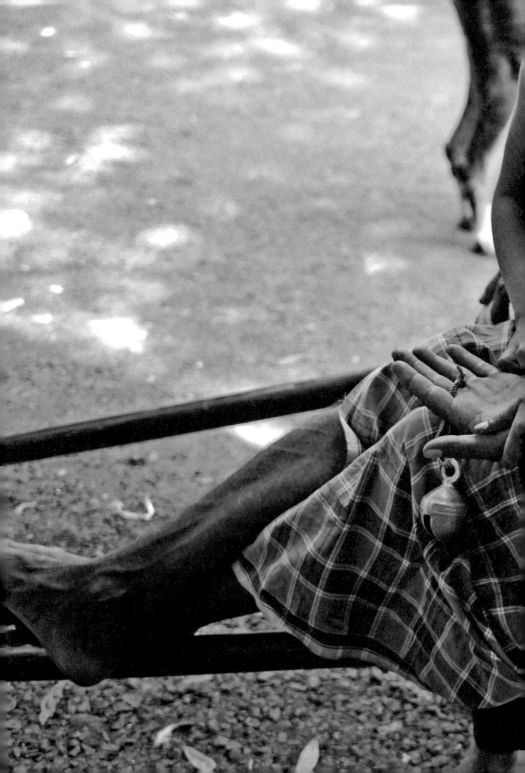

다가 다시 어지럽게 전깃줄이 흐트러진 골목으로 빠져나간다. 낡은 도시에는 금속성의 거미줄이 쳐 있다. 길은 바닥에도 있고, 전선으로 이어진 머리 위에도 있다.

자동차라면 차창이 내부와 외부를 가르지만, 릭샤 위에서는 안팎이 따로 없다. 거리의 소리와 냄새는 고스란히 내 몫이 된다. 몇 미터 간격으로 누적된 세월의 밑바닥에서 어떤 영상과 메아리가 들어온다. 100년은 묵었을 법한 집들의 잔해를 스쳐간다. 몇 번이나 파괴되고 거듭해 보수되어오는 동안 중층적 시간이 새겨졌다. 혹은 시간을 초월해 있다. 나는 내 마음의 쪼가리와 바깥의 풍경을 연결해 이국정서를 되살려낸다.

처음에는 거리의 풍경이 무질서해 보인다. 그것의 고유한 질서와 음영은 포착되지 않는다. 무슨 의미를 붙여도 좋을 광대한 무질서로 여겨진다. 릭샤왈라가 대신 나를 데리고 돌아다녀주니, 나는 육체의 힘을 아껴 정신의 감각들을 복원한다. 감수성, 직감, 감식력. 공간에 대한 환상이 덫을 짜기 시작한다. 나는 이런 풍경의 피질을 벗겨 오염되지 않은 시기의 장관이 펼쳐지던 모습을 보고 싶다. 상상력도 되살아난다.

시선을 왼쪽에서 오른쪽으로 옮기다가 릭샤왈라의 목덜미가 눈에 들어왔다. 땀이 흐른다. 근육의 굽힘, 가쁘게 들이마신 호흡. 그는 이 거리의 진정한 풍경이며 역사다. 나의 육체는 그가 내딛는 보폭의 속도에 맡겨진다. 나의 육체는 그 역사의 고유한 움직임을 느껴내고, 나의 사고는 그 역사의 의미를 포착한다. 수녀들의 기도가 그러했듯 릭샤왈라의 거친 호흡은 이 도시와 나 사이의 매개가 된다.

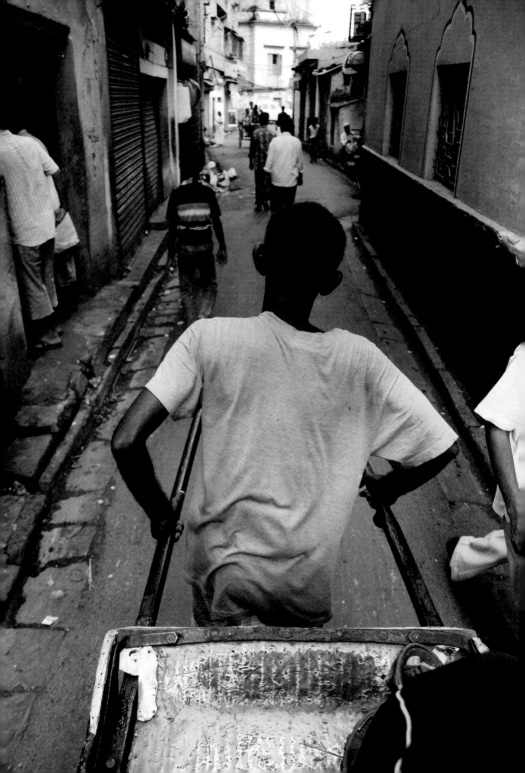

염소 떼가 가로막는다. 릭샤왈라가 소리를 쳐도 염소들의 발걸음을 재촉하지는 못한다. 그는 잠시 멈춰 선다. 나를 스쳐가던 풍경도 멈춘다. 내 상상력도 잠시 멈춘다. 그는 한숨을 내쉬더니 뒤를 돌아보며 웃는다. 그 웃음의 의미를 다 헤아리지 못했지만 나도 따라 웃는다. 그도 내 웃음의 의미를 읽어내지 못할 것이다. 나도 알지 못한다. 어찌 알겠는가. 이게 이번 인도 여행에서의 첫 웃음인 것을.

나는 고된 인간의 노동에 몇 장의 지폐를 꺼내 값을 치를 것이다. 그러나 우리는 다른 것을 교환한다. 나는 그에게서 여행할 힘을 얻는다. 방콕에서 만난 그 연구자, 결국은 술친구가 되었지만 그녀는 인도 여행을 '언아이덴티파이드 딜레이'unidentified delay라고 표현했다. 그때 맞장구를 쳤다. 지금도 그 생각은 변함없다.

3

부다가야,
길 위의 윤리

기차와 생각의 속도

몸만이 아니다. 생각도 몸과 함께 여행한다. 생각의 여행에 적합한 운송 수단을 꼽으라면 기차이지 싶다. 배나 비행기에서 보이는 풍경은 단조로워지기 쉽고, 울퉁불퉁한 길 위 차 안에서 보이는 풍경은 차와 함께 진동하며 몸 지키기에 급급해 그다지 생각할 여유가 없을지 모른다. 그러나 기차를 타면 풍경은 안달나지 않을 정도로 빠르게, 사물을 분간할 수 있을 만큼 느리게 움직인다. 안정적으로 변화하는 풍경에 시선을 적당히 빼앗길 때 생각도 원활하게 풀리곤 한다.

몸은 여전히 처져 있지만, 드넓게 펼쳐진 바깥 풍경을 보며 모처럼 압박감 없이 여행을 실감한다. 서서히 풍경이 바뀔 때마다 다른 사색들이 뻗어나가 형체를 이루고 또 흩어진다. 그러나 그 과정은 병원에서처럼 괴롭지 않다. 기차 바퀴가 철로에 부딪히며 규칙적인 소리를 낸다. 안정적인 박자에 맞춰 나 역시 조금씩 나 자신에게로 돌아간다.

차창에는 잔뜩 초췌해진 내 몰골이 비친다. 그리고 사실 기차 안은 그다지 차분하지도 낭만적이지도 않다. 기차 바퀴가 내는 소리 말고는 잔잔한 정적이냐 하면 그렇지도 않다. 기차 안은 소란스럽다. 삼등 열차 안에는 여러 군상들이 모여 있다. 안에서 펼쳐지는 풍경은 바깥 못지않게 풍요롭다. 비좁은 공간에 여러 인생들이 수시간 동안 뒤섞여 있다.

어둠이 깔렸다. 바깥은 칠흑이나 잠을 청할 수가 없다. 인도에서 기차를 타려면 적어도 두 가지 불편을 감수해야 한다. 먼저 제시각에 기차가

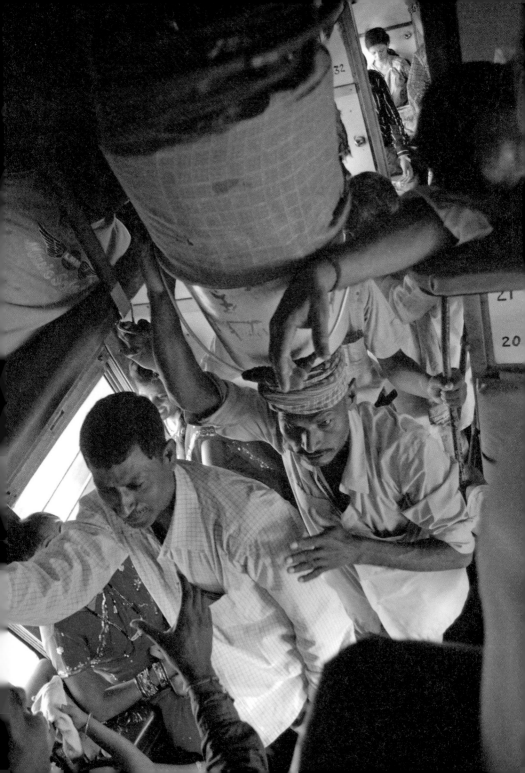

6만 5,673킬로미터에 달하는 철로가 인도 대륙을 뒤덮고 있다. 세계 네 번째의 규모다. 그러나 이것만으로는 인도의 규모를 설명하기에 부족하다. 인도에서 철도는 영국이 목화 원료를 본국으로 실어가기 위해 1853년에 처음 개통되었다. 그것은 1.67미터의 광궤廣軌였다. 그런데 이후 불황으로 재정난에 빠진 면업 자본이 철도사업에서 손을 놓자 부설을 맡은 인도 총독부는 비용을 절감하려고 광궤보다 좁은 철로를 깔았다. 그리고 인도 독립 후 각 지방의 마하라자와 주정부는 또한 그들 나름대로 협궤狹軌를 깔았다. 그리하여 세 가지 폭의 노선이 생겨났다. 매끄러워야 할 철로를 가로막는 간극은 인도의 규모에 또 한 번 폭을 더한다.

도착하지 않아 기약 없이 기다려야 할 때가 있다. 그나마 덜 고역스러운 경우다. 타는 것보다 때로 더 피곤한 것은 내리는 일이다. 제시간에 목적지에 도착하지 않고, 다음 정차역이 어디인지 안내해주지도 않는다. 따라서 목적지가 종착역이 아니라면 수시로 지금 어디까지 왔는지를 확인해야 한다. 선잠에 들었다가도 기차가 덜컹거리고 멈춰 서면 놀라서 깬다. 자칫하면 내려야 할 곳을 놓치는 수가 있다. 그러나 의미를 알기 힘든 정차만이 이어진다. 나는 지금 부다가야로 가고 있다.

붓다가 되다

가야 역은 황량했다. 새벽 볕인데도 벌써 따갑다. 니라드 쵸드우리는 인도에 대한 신랄한 저서 『키르케의 대륙』에서 인도인들에게서 야망을 빼앗아 그들을 돼지로 둔갑시키고 숙명론자로 만드는 것은 날씨라고 말했다. 아니 말했다고 한다. 직접 읽어본 적은 없다. 가야 역에서 내린 사람들의 표정은 닮아간다. 햇살이 뜨거워 미간을 잔뜩 찌푸린다. 가야 역에서 부다가야까지는 12킬로미터 정도 떨어져 있다. 릭샤왈라는 과하다 싶을 만큼 삯을 높게 부르지만 버스를 기다렸다가 타고 갈 여유는 없다. 릭샤 한 대를 잡아 이스라엘 여행자와 나눠 부담하기로 한다.

　이스라엘에서 온 여행자도 나도 부다가야를 찾는 까닭, 바로 석가모니가 성도成道한 땅이기 때문이다. 부다가야라는 지명도 부처님이 가야에서 성도하셨다는 의미의 붓다가야에서 유래했다고 한다.

고타마 싯다르타, 석가모니, 붓다. 대체 그를 뭐라고 불러야 할까. 이름마다 다른 역사의 울림을 갖는다. 그리고 싯다르타가 석가모니가 되고 또붓다가 되기까지 거쳐 간 장소는 지금 성지가 되었다. 그는 룸비니에서 탄생했고, 부다가야에서 성도했으며, 사르나트에서 최초로 설법했고, 쿠시나가라에서 열반에 들었다. 그 장소들이 지금은 불교의 4대 성지다.

고타마 싯다르타는 기원전 563년에 태어났다. 왕자로서 태어났다. 예언가들은 그가 정신적 지도자가 되지 않는다면 위대한 왕이 될 것이라고 했다. 부왕은 왕자가 정신적 고뇌에 빠지지 않도록 태어나자마자 아름답고건강한 사람들 속에서 자라도록 환경을 조성했다. 고타마 왕자는 고苦의실체를 경험하지 않은 채 성장했다.

어느 날 밤 왕자는 마부에게 부탁해 바깥세상으로 나왔다. 바깥세상이라 불러 마땅하다. 그는 실세계에서 벗어난 인공낙원에서 지내왔기 때문이다. 왕자는 생전 처음으로 노인을 보았다. 병으로 죽어가는 사람도 보았다. 그것이 삶의 과정임을 알았다. 시체도 보았다. 자신도 처하게 될 운명임을 깨달았다. 끝으로 명상 속에서 평온을 구하는 고행자를 보았다. 자신이 택해야 할 운명임을 직감했다. 궁으로 돌아온 왕자는 그날 밤 궁을 떠나 방랑을 시작했다. 그의 나이 스물아홉이었다.

고타마 왕자는 주요한 철학을 섭렵했지만 해답을 구하지 못했다. 그는고행에 나섰고 단식했다. "일찍이 그 누구도 참고 견디기 어려운 고행을하고서도 최고의 깨달음에 이르지 못했거늘, 세상 사람들과 똑같이 음식을 먹는다면 어떻게 뜻을 이룰 수 있겠는가." 그는 앙상하게 말라갔다. "엉덩이는 낙타 발굽처럼 울퉁불퉁하고 척추는 물레자락처럼 튀어나왔으며 갈비뼈는 주저앉은 오두막 같았다."

그는 한 그루의 보리수 아래서 음식을 끊고 다섯 수행자들과 함께 고행을 지속했다. 그곳이 이곳 부다가야다. 그는 손끝으로 땅을 스치며 수행했다. 인간 존재는 땅에서 태어났고, 모든 삶은 번뇌이며, 모든 번뇌는 욕망에서 비롯됨을 줄곧 상기했다. 그리고 6년간의 고행 끝에 깨달음을 얻었다. 여덟 가지 바른 길을 따르면 고통에서 벗어날 수 있다. 그러려면 육체를 괴롭히는 것이 아니라 체력을 선용해야 한다. 그리고 그는 '깨달은 자'라는 의미의 붓다가 되었다. 누군가는 예수가 되고, 누군가는 루쉰이 되듯이 그는 눈을 뜬 자라는 의미의 붓다가 되었다.

고행을 멈춘 고타마는 마을 처녀인 수자타가 공양한 우유죽을 먹고 기력을 회복했다. 그러고는 보리수 옆의 나이란자나 강에서 목욕을 했다. 그러나 고타마가 단식을 그만두자 함께 수행하던 다섯 수행자들은 그에게 실망해 그의 곁을 떠났다.

고타마가 보리수 아래서 깨달아 붓다가 되어 오늘날까지 현자의 명상으로 전해지는 것은 한두 가지의 단편적 교훈이다. 세상의 본질이란 본질 없음이다. 영원한 것은 존재하지 않는다. 삼라만상은 유동한다. 자아 역시 항시 변화한다. 찰나의 현상은 상호 의존하며 함께 발생한다. 그것이 연기緣起다. 그것만이 존재하는 영속적 실재며, '의미'와 '의미의 부재' 사이에 본질적 차이란 존재하지 않는다.

대탑에서 10분쯤 떨어진 거리에 나이란자나 강이 있다. 6년간 쌓아온 고행을 무익하다고 여긴 싯다르타는 이 강에 몸을 씻었다. 그리고 수자타에게 우유죽을 공양받고 나서 건너편의 둔게쉬와리 산을 바라보니 깊고 그윽한 느낌이 들어 깨달음을 이루려고 그곳으로 향했다. 그래서 그 산은 한역으로 전정각산前正覺山이라 불린다. 이때 대지는 진동하고 강은 금빛으로 바뀌며 강물의 흐름이 반대로 바뀌었다. 싯다르타가 붓다가 되는 장면에는 그렇게 이적의 요소가 가미되었다. 둔게쉬와리 산의 허리에는 유영굴留影窟이라는 동굴이 있는데, 이 동굴에 살던 용이 동굴에서 싯다르타가 성도하기를 원해 소원을 들어주려고 그림자를 남기고 떠났다고 하여 붙여진 이름이다.

이 진리가 2,500년 전에 발견되었다. 어쩌면 그 이후로 궁극의 영역에서 새로운 발견은 이뤄지지 않았는지 모른다. 세계를 인식하는 새로운 출구로 다가갈 때마다 그것은 붓다가 내린 결론의 또 다른 변주가 되고 만다. 의미를 실체로서 포착하려는 몸짓은 2,500년의 시차를 범하고 만다.

불교와 인도

궁극의 실체는 없다며 공空을 도입하는 붓다의 가르침은 자칫 허무주의, 비관주의로 비쳐질 수도 있다. 인생은 윤회의 수레바퀴가 끝없이 돌아가는 덧없는 찰나라는 업의 교의는 운명론을 장려하는 것처럼 보이기도 한다. 사회악을 타파하려고 적극적으로 나서야 할 이유는 없다. 붓다의 가르침은 도덕적 규정을 무력하게 만들며 정치·사회적 인식이 결여된 생명 없는 교훈, 활동력을 쇠잔케 만드는 지식이라는 인상을 줄 수도 있다.

그러나 보리수 아래에서의 명상으로 붓다는 인도를 바꿔놓았다. 인도란 힌두에서 온 말이다. 힌두교는 이름 그대로 '인도교'다. 인도인은 힌두교도가 되는 게 아니라 힌두교도로 태어난다. 그러나 붓다는 종교의식과 제물을 부정하고 카스트의 굴레에서 벗어나는 방법을 제시했으며, 그의 가르침은 하위 카스트 계급의 마음을 움직였다. 붓다가 명상으로 인도를 바꿀 수 있었던 까닭은 그곳이 인도였기 때문이었는지도 모른다.

불교는 붓다의 열반 이후에 아시아 곳곳으로 퍼져나갔지만, 정작 인도에서는 힌두교가 불교를 삼키면서 붓다의 가르침이 희석되었다. 붓다는 살아생전 열광적인 신도가 그의 동상을 세우겠다고 나설 때마다 거절했다. "사람들에게는 내가 아니라 보리수가 필요하다. 보리수가 있었기에 그늘에서 쉬고, 보리수가 있었기에 참선으로 지고무상의 깨달음을 얻을 수 있었다. 보리수는 진실을 찾는 모든 중생들에게도 기꺼이 그늘을 제공해줄 것이다." 그러나 신의 존재를 부정한 붓다는 인도에서 비슈누 신의 화신으로 힌두교 신전에 모셔졌다.

붓다는 힌두화되었지만, 붓다의 가르침은 여전히 인도 사회를 움직이고 있다. 1956년 암베드카르는 수백만의 불가촉천민과 함께 불교로 개종했다. 그는 영국 식민기에 불가촉천민을 대하는 간디의 태도를 동정주의라고 비판한 인물이다. 간디는 불가촉천민을 '신의 자녀'라는 뜻의 '하리잔'으로 부르며 불가촉천민 양녀를 두고, 그들처럼 화장실을 청소해 극우 힌두교도들의 반발을 사기도 했다.

그러나 암베드카르는 「국민의회와 간디가 불가촉천민에게 무엇을 해주었는가」라는 글을 써서 간디의 동정적 태도를 맹렬히 비판하고 스스로를 부수어지고 찢기고 핍박받는 자라는 뜻의 '달리트'라고 불렀다. 1956년 그는 힌두교의 카스트라는 굴레에서 벗어나고자 불교로 개종했다. 그러나 개종식이 끝나고 나서 두 달 뒤에 그는 뭄바이에서 시체로 발견되었다.

1997년 7월 뭄바이에 세워진 그의 동상에 신발을 엮어 만든 화환이 걸리는 사건이 발생했다. 인도에서는 죄수들이 신발을 목에 걸고 행진하는 풍습이 있다. 바로 죽은 암베드카르를 모욕하는 행위였던 것이다. 암베드카르를 대신해 수천 명의 불가촉천민들은 항의 시위를 벌였다. 그런데 경찰이 이들을 진입하는 과정에서 발포하여 열 명이 숨지고 수십 명이 부상을 당했다.

2001년 하리야나 주에서는 소의 가죽을 벗겼다는 이유로 다섯 명의 불가촉천민이 경찰에 끌려왔다. 극우 힌두단체인 비슈바 단원들은 경찰서까지 들어가 이들을 끌어내 집단으로 구타했으며 결국 사망자가 발생했다. 그들은 소가죽으로 물건을 만들어 생계를 꾸려나가고 있었으며, 가죽을 벗긴 소도 이미 죽은 상태였다. 참사가 벌어진 후에 가족들은 소만도 못한 삶에서 벗어나겠다며 불교로 개종했다.

그러나 2009년 인도의 바하르티야자나타당은 의회에서 '소 도살 금지법안'을 통과시키겠다고 밝혔다. 인도에는 힌두교도 말고도 무슬림이나 불교도와 같은 타종교인 그리고 무신론자가 무수하지만, 소의 도살을 금지해 힌두 국가임을 공고히 하겠다는 것이었다. 뿐만 아니라 '개종 금지법'을 발의해 헌법 개정도 요구하고 있다. 여전히 인도에서 불교는 그저 형이상학의 영역일 수 없다.

비단 인도만이 아니다. 불교는 곳곳에서 형이상학의 논리와 형이하학의 인간 행위를 조화시키려 하고 있다. 공의 시선은 그저 세상을 부정하거나 단순한 환상으로 보는 게 아니다. 오히려 공은 '비어 있음의 형식'으로서 개체성과 영구불변에 관한 환상을 제거해 더욱 풍부하고 명징한 실존의 가능성을 열어낸다. 세계 안에 고정된 실체는 없고 삼라만상은 유동하며, 세계의 외부 역시 없다는 가르침도 종교적 신비주의를 몰아낸다. 그리

하여 불교는 허무주의로 해석될 여지도 있지만, 인식적 장애물을 치워 해방적 통찰을 제공하기도 한다. 불교의 거대 분파는 바로 대승과 소승처럼 개인의 구원인가, 중생의 구제인가라는 사회학적 수준에서 갈라졌다. 불교는 사회 속에 있는 것이다.

모순과 과잉

붓다는 이렇게 유훈을 남겼다. "비구들이여, 너희들에게 작별을 고한다. 모든 것은 덧없다. 게으르지 말고 부지런히 힘써 정진하여라." 한역으로는 '諸行無常 不放逸精進'이라고 옮겨졌다. 제행무상. 모든 존재는 고정되지 않고 쉼 없이 흘러가며 변화한다. 시간은 무시무종하며 무상하다. 무상하게 찰나적으로 생멸을 거듭할 뿐이다. 따라서 존재 역시 무상하다.

　그러나 시간에 관한 불교의 고유한 철학은 인식론, 존재론만이 아니라 윤리적 지평까지도 껴안는다. 불교에서 시간은 물리적 단위도 신의 선물도 아닌 존재에 즉卽하여 존재가 변화해가는 과정이다. 시간은 존재에 즉해 있고, 존재는 시간 속에 존재한다. 따라서 시간을 의식하려면 끊임없이 유전하는 사태의 선과 후를 지각해야 한다. 시간은 주체의 바깥에 있지 않다. 따라서 시간을 측정하려면 마음속에 남은 전과 후의 인상을 인식해야 한다. 시간은 실체로서 존재하지 않는 주관의 인식 형식이다. 따라서 과거도 미래도 현재와의 관계에서 과거와 미래일 뿐 따로 있는 게 아니다. 삼

1,300년 전 구도승 혜초는 경주를 출발해 부다가야를 찾았다. 그의 나이 열여덟이었다. 그는 순례하며 이런 시구를 남겼다. "달 밝은 밤에 고향 길을 바라보니 뜬구름은 너울너울 고향으로 돌아가네. 나는 편지를 봉해 구름 편에 보내려 하나 바람이 빨라 내 말을 들으려고 돌아보지도 않네. 내 나라는 하늘 끝 북쪽에 있고 다른 나라는 땅 끝 서쪽에 있네. 해가 뜨거운 남쪽에는 기러기가 없으니 누가 내 고향 계림으로 나를 위해 소식을 전할꼬."

라만상은 자성을 가진 실체로서 존재하지 않으며 공하고, 존재에 즉해서 있는 시간도 공하다. 그러하기에 시간을 실체로 여겨 과거와 미래에 집착하면 무명으로 인한 번뇌를 낳는다.

그러나 또 다른 집착도 있다. 시간을 실체가 아닌 공이라 하여 시간의 허무성으로 기울어 공수래공수거로 빠져도 집착이긴 마찬가지다. 이른바 공병空病이다. 공은 모든 실체를 지우지만, 공마저도 공하다고 여겨야 공에 관한 집착이 생기지 않는다. 여기서 시간은 실체가 아니지만, 실체가 아니기에 오히려 시간을 긍정할 수 있는 이유가 마련된다. 부정되는 것은 실체로서의 시간이며, 긍정되는 것은 관계성으로서의 시간인 것이다. 따라서 불교의 시간철학은 윤리의 문을 두드린다.

찰나적으로 생멸을 거듭하는 시간에서 존재는 두 번 다시 동일한 시간에 설 수 없다. 삶은 되풀이되지 않는다. 존재는 무로 스러질 운명이다. 그러나 그 무란 바로 존재가 새로워질 수 있는 토대다. 시간은 그저 인간이 지닌 운명적 한계를 보여주는 것이 아니라, 영원과 만나는 장이며 영원이 순간 속에서 활동하는 장이다. 존재는 한계를 지니지만, 한계를 품은 세계만이 존재할 뿐 그 바깥의 세계는 존재하지 않는다.

그리고 그 세계 안에서는 모순도 존재하지 않는다. 단일한 관점 안으로 회수될 수 없어야 모순이 발생하지만, 제행무상하는 세계에서는 모순을 발견하도록 이끄는 목적론적 배치가 존재하지 않기 때문이다. 불교적 세계는 목적론적 배치에 대해 공하며 항상 과잉이다.

하나이자 무한이자 공空인 세계

나는 크게 오해하고 있는지 모른다. 그러나 내친김에 불교의 시간철학에서 새로운 공간적 정의를 이끌어내고 싶다. 나는 브루노로 비약해본다.

여기서 알아야 할 것은 하나의 무한한 용적을 가진 넓이나 공간이 존재하며 이것이 만물을 포함하고 만물에 침투하고 있다는 것이다. 거기에는 이 세계와 동일한 물체가 무한히 존재하지만 그 어느 것도 우주의 중심에 있다고는 할 수 없다. 왜냐하면 이 우주는 무한하여 중심도 주변도 없기 때문이다. (……) 세계는 많이 존재하고 우리 주위에서 빛나고 있는 것은 모두 세계이며, 이것들은 하늘 속에, 하나의 둘러싸인 장소 속에 존재하고 있으니, 이는 우리가 살고 있는 이 세계가 하나로 둘러싸인 장소인 하늘 속에 존재하고 있는 것과 같다.

나는 『무한자와 우주와 세계』에서 이 대목을 주목한다. 우주에는 중심도 주변도 없으며 외부도 없다. 동시에 세계는 복수로 존재한다. 어느 세계도 특권적 중심의 자리를 차지하지 못한다. 여기서 어설프게 불교의 시간철학과 브루노의 공간론 사이에서 논리적 유사성을 만들어낼 생각은 없다. 다만 브루노의 어떤 태도를 주목하고 싶다.

당시에 브루노가 기막힌 천측 도구를 가져서 우주를 관측하고 세계에서 중심을 지웠을 리 없다. 세계에 무한을 도입해 중심을 폐기하는 것은 관측 결과가 아닌 태도이자 문제 설정이다. 교회 권력에 억압되어 있던 세계를 무한으로 펼치고, 중심=목적을 지워 편집증적 세계를 해체하고자 했다. 이 또한 그저 인식론에 그치지 않는다. 브루노가 중심을 지우고 무한을 도입한 까닭은 대중이 이원론, 목적론적 세계에 속박되어 있었기 때문이다.

그들은 자신을 묶는 쇠사슬을 그들의 신체에 가지고 있고, 자신을 감금하는 지옥을 그들의 마음속에 가지고 있으며, 그들의 영혼은 그들을 병들게 하는 오류를 지니고 있고, 그들의 정신은 그들을 경직시키는 수면의 욕망에 사로잡혀 있다.

바로 이런 대중의 토양 속에서 종교가 피어난다. 종교는 세계를 실상과 허상, 참된 세계와 거짓된 세계로 나누고 그 사이의 벌어진 자리로 틈입한다. 신을 참된 세계에 모셔둔 채 종교는 거짓 세계, 속세 속에서 헤매는 대중의 공포와 무지를 먹고 자라난다. 따라서 종교를 극복하려는 모든 태도는 세계를 둘이 아닌 하나라고 선언한다. 신계와 인간계라는 이분법을 극복해야 한다.

그러나 하나인 세계 속에서 중심=목적이 생긴다면, 다시 세계는 둘로 갈린다. 시대정신이든, 근대든, 민족주의든 세계 속에 마련된 중심이며, 역사 배후에 상정된 상상적 주체다. 따라서 역사주의, 근대주의, 민족주의는 종교적 속성을 띤다. 그렇기에 중심=목적을 제거해야 한다. 진정 종교

를 극복하려는 자는 이렇게 말한다. 세계는 둘이 아니라 하나며, 하나가
아니라 무한하다고. 혹은 세계는 둘이 아니라 하나며, 하나가 아니라 공이
라고.

덧없음, 초연함, 열반

불교철학은 브루노 이후의 유럽 정신사에 커다란 파장을 미쳤다. 쇼펜하
우어가 대표적 인물이며, 쇼펜하우어의 제자인 니체에게도 그 흔적이 뚜
렷하다. 하지만 둘은 불교철학을 대하는 두 가지 다른 양상을 보여주었다.

쇼펜하우어는 유대─기독교를 비판하고자 불교를 수용했다. 그는 세계
는 궁극적으로 맹목적이며 비인격적인 의지로 추동된다고 이해했다. 모
든 현상은 이런 의지의 발현이며, 개별 인간 존재의 운명은 이 의지에 사
로잡혀 있다. 삶은 덧없고, 소멸은 불가피하며, 영원한 진실은 불가능하
다. 그런 까닭에 쇼펜하우어는 생의 고통과 좌절을 자기 철학의 핵심으로
삼았다.

쇼펜하우어의 이런 관점은 불교철학과 통하는 바가 있다. 인생은 고(苦)
의 바다다. 그러나 고에서 벗어날 방법이 이 세상 바깥에 있지는 않다. 따
라서 불교에서 열반을 설파하듯 초연함에 도달해야 한다. 실제로 쇼펜하
우어는 불교의 열반 개념에 매료되었다. 즉 인생은 유한하다. 인간의 어떠
한 시도도 공허하다. 따라서 맹목적 의지에서 해방되는 것이 생의 목표인

것이다. 그는 불교철학에서 지상의 모든 행복은 허망하며, 따라서 행복을 가벼이 여기고 대신 전혀 다른 생존을 위해 사고를 전환한다는 가르침을 이끌어냈다. 여기서 그는 불교를 이해하거나 오해했을 것이다. 그리고 쇼펜하우어 자신도 이해되거나 오해되어, 불교란 의미와 목적에 비관하며 모든 가치에 달관하는 것이라는 해석이 쇼펜하우어 이후 긴 그림자를 드리웠다.

불교와 기독교

니체 역시 불교 서적을 탐독했다. 그의 개인 장서 목록과 바젤도서관의 대출 기록을 보면 불교에 관해 방대한 독서를 했음을 확인할 수 있다. 니체는 평생지기인 파울 도이센을 비롯해 당대의 저명한 인도학자들과 교류했다. 파울 도이센은 60권에 이르는 『우파니샤드』를 번역한 인물이다. 그리고 니체와 짧지만 밀접한 관계를 가졌던 연인 루 안드레아 살로메는 니체의 영원회귀라는 관념, '초인'에 관한 사색은 불교의 영향을 받았다고 주장했다.

니체가 남긴 저작을 통해서도 불교가 그에게 미친 영향, 혹은 불교에 대한 그의 해석을 확인할 수 있다. 니체는 불교를 통해 기독교 전통의 파산을 폭로했다. 특히 『안티크리스트』에서는 기독교의 '퇴폐'와 '자기기만'을 까발리려고 불교를 활용했다. 불교는 기독교처럼 형이상학적 장치를 사용하지 않고도 인간 실존에 관한 객관적 관점을 제공한다. 불교는 "역사가 우리에게 보여주어야 하는 '실제로' 실증적인 유일한 종교"다.

니체의 기독교 비판은 고통의 심리학, 의지의 해석학으로 나아갔고, 여기서도 니체는 불교를 호의적으로 활용했다. 불교는 정념의 불꽃을 진정시키고 고통의 원천을 근절하고자 고통 자체의 기원과 성질을 성찰적으로 분석한다. 이는 눈물과 한숨으로 얼룩진 이승에 대해 천국이라는 환상을 처방한 기독교와는 전혀 다르다. 불교 쪽이 "기독교보다 백배는 더 현실적인 고찰"을 제공하는 실용적 종교이며, 형이상학적 위안의 유혹에서 벗어나 기독교적 교리보다 "위생적인 체계"를 갖추고 있다. 반면 니체는 형이상학이 스며든 기독교를 혹독하게 비판했다.

기독교에서는 도덕이나 종교 그 어느 것도 현실과 단 한 지점에서조차 만나지 못한다. 오직 상상의 원인들(신, 영혼, 자아, 정신, 자유의지)만이 있을 뿐이며, 오직 상상의 결과들(죄, 구원, 은총, 처벌, 죄의 사함), 공상적 존재들 사이의 교류(신, 영, 영혼), 공상적 자연과학(인간중심적이고 자연적 원인 개념을 완전히 결여한다), 공상적 심리학(순전한 자기 오해이며, 쾌와 불쾌라는 일반 감정에 대한 해석들이다. 예를 들면 교감신경의 상태를 종교적이고 도덕적인 특이성질을 가진 상징 언어, 가령 후회, 양심의 가책, 악마의 유혹, 신의 도래 등의 도움을 받아 해석해낸다), 공상적 신학(신의 나라, 최후의 심판, 영생)만이 있을 뿐이다.

피안, 구세주, 최후의 심판, 불멸의 영혼 등의 개념은 사제와 교회가 창안한 섬뜩한 장치로서 인간이 현실과 마주하는 능력을 감퇴시켰다. 반면 불교는 죄에 관한 관념을 갖지 않으며 '선악의 저편'에 있다. 니체에 따르면 불교는 두 가지 생리적 사실에 집중했다. 하나는 고통을 섬세하게 느끼는 감수성, 다른 하나는 높은 수준의 논리적 추론이다. 이런 생리적 조건으로 말미암아 불교에서는 우울증이 발생하지만 "이 증세에 맞서 붓다는 위생적 조치들을 취했다. 야외 생활, 유랑 생활, 절제되고 선택된 식생활—즉 알코올을 조심하고, 분노를 일으키는 격정을 조심하라." 불교는 기독교처럼 '죄에 대한 투쟁'을 논하지 않고 '고통에 맞선 투쟁'을 설파한다. 붓다의 가르침은 "바로 복수 감정과 혐오 감정과 원한 감정을 경계하라"는 것뿐이다.

신과 공_空

기독교는 강력한 신의 존재를 전제하고 있다. 그러나 신에 관한 기독교의 가르침에는 모순된 요소들이 섞여 있다. 신은 사랑을 베푸는 아버지이나 분노한 심판자다. 인간이 죄를 지으면 신은 보복하는데 그것이 바로 '속죄'다. 이번에는 니체의 『서광』에서 글을 뽑아본다.

기독교에 오면 모든 것은 벌이 되어버린다. 그것도 받아 마땅한 벌이 된

부다가야의 수행자.

다. 기독교는 고통받는 자의 상상을 또한 고통으로 만든다. 그래서 기독교인은 불행할 때마다 자신이 도덕적으로 비난받아 마땅한 자라고, 그리고 그렇게 내팽개쳐진 자라고 느끼는 것이다.

애초 고통은 선악과를 따먹은 아담의 죄악에 대한 신의 보복에서 유래한다. 기독교는 신의 섭리(=신의 변덕)라는 초자연적 원인이 삶의 성공과 실패를 가른다고 주장하며, 신도로 하여금 자신의 실수가 화를 불렀다고 믿도록 만든다. 그러나 불교에서 신은 존재하지 않는다. 불교는 초자연적 원인에 기대어 고통을 해석하지 않으며, 고통을 삶 속으로 내재화한다.

하지만 인격신을 상정하지 않는 불교도 종교화될 위험성에 노출되어 있다. 앞서 종교는 세계를 둘로 제시한다고 말했다. 종교를 해체하려는 시도는 중심과 주변의 위계, 실체와 허상의 경계를 지워버린다. 그것이 공이다. 공은 모든 독단에 관한 치유책이다. 그러나 공 역시 집착의 대상이 되고 도그마의 원리가 될 수 있다. 공이 하나의 입장이 되어버리면, 불교는 다시 종교성으로 물든다.

붓다는 '신' 대신 '공'을 도입했다. 그러나 공이 실재한다는 생각에 사로잡히면 공은 다시 신의 자리를 대신한다. 따라서 세계의 중심과 목적과 근거를 공이라는 논리로 흔든 이후에는 그 논리조차 놓아두어야 한다. 그것이 진정 구도求道인지 모른다. 붓다는 바로 공조차 쌓이지 않도록 자신을 끊임없이 길 위에 두었다. 그는 스물아홉에 출가해 이곳 부다가야에서 서른다섯에 그 길을 깨달았다. 그러고는 한곳에 머물지 않고 길 위에서 설법했다. 45년간 편력하면서 갠지스 평원의 철기시대 왕국들을 정처 없이 헤맸다. 그 길 위에서 붓다는 수많은 사람들에게 해탈과 열반의 길을 가르쳤다. 그리고 여든에 그는 중생 교화의 길에서 입멸했다.

도道의 윤리

도는 본디 불교의 개념이 아니지만 불교의 윤리를 압축하고 있는지 모른다. 도란 깨우쳐야 할 도그마가 아니다. 도는 그야말로 길이다. 사람들이 왕래하는 곳이다. 먼 곳 어딘가에, 사람 간의 구체적 관계를 넘어선 곳에 일반적 진리로서 존재하는 것이 아니다. 붓다는 움직이지 않고 한자리에 머물면 논리가 쌓인다고 제자들을 가르쳤다. 따라서 탁발은 불교 철학에서 적절한 처방이었다. 논리를 쌓지 않고 머무르지 않는다는 것, 나는 여기서 불교의 도의 윤리를 본다.

　그때 도란 물리적인 길을 뜻하지 않는다. 사람과 사람 사이의 교통이다. 초기 경전을 보면 붓다는 어느 제자가 묻느냐에 따라 대답을 달리했다. 나는 그 점을 주목한다. 그리고 예수도 그러했다. 나는 또 한 가지를 주목한다. 붓다와 예수는 한곳에 정착하지 않았다. 길 위에 섰다. 그리고 붓다와 예수는 쓰지 않았다. 불교경전이든 신약성서든 모두 제자들이 기록했다. 그래서 그 텍스트들은 누구와의 문답인지, 누구의 기록인지에 따라 해석의 지평이 달라진다. 그 텍스트들은 복층적이다.

내가 거기서 도의 윤리를 보는 까닭은 그들의 태도가 종교적이지 않기 때문이다. 종교에서 신과의 관계는 일반자와의 관계다. 그리고 신은 자신의 확장태다. 따라서 이 관계 안에 타자는 존재하지 않는다. 타자가 사라진 곳에서 신과의 대화는 실상 독백이 된다. 교리(종교의 철학화)는 바로 타자를 배제한 관계성 위에서 성립한다. 그러나 붓다도 예수도 타자가 누락된 종교적 구도를 깨뜨려 타자와 마주보게 하려고 애썼다. 그들의 가르침이 성스러운 만큼 현실적인 까닭은 타자가 존재하는 현실 속에서 방황하고 현실과 함께 동요했기 때문이다.

붓다가 설파한 자비는 그저 시혜施惠와는 다르다. 그것은 공을 바탕으로 한 보시며, 자아와 타자의 경계를 지우는 시도다. 이것이 종교적 독아론과 다른 까닭은 독아론에서는 나도 나이며, 타자(신)도 단지 자기 차이화된 나일 뿐이기 때문이다. 따라서 종교적 세계에서 타자는 타자성을 잃고 만다. 그러나 공의 윤리학이 지우려는 것은 타자의 타자성이 아니라 타자와 자아 사이의 경계다. 경계를 지우는 방식으로 경계 위에 존재하고 경계 위의 불안정성을 성찰하는 것이 공의 윤리학이다. 나는 그렇게 생각한다. 그리고 예수가 설파한 사랑도 나는 그렇게 이해한다.

원리화될 수 없는 원리

붓다와 예수는 도를 가르쳤다. 이理가 수직적인 논리의 체계라고 한다면,

도道란 수평적인 삶의 교류다. 붓다와 예수는 수직적으로 구축된 종교의 체계 속으로 수평적인 삶의 원리, 곧 자비와 사랑을 도입해 종교의 체계를 해체하려고 했다.

예수의 도는 이후 바울에 의해 도=이로 구축된 기독교와는 다르다. 예수는 바리새인들의 교리에 맞서 새로운 교리를 내놓지 않았다. 예수는 만나는 사람에 따라 다른 방식으로 가르침을 주었다. 그런 예수를 바리새인들은 싫어했다. 끊임없는 대화는 유대교의 교리 체계를 흔들기 때문이다. 그러나 바울은 예수의 도를 다시 이로 흡수했다. 그리하여 그는 기독교의 창시자가 될 수 있었다. 붓다의 공 역시 종교를 해체했다. 공은 단일한 입장을 지워버린다. 따라서 그들은 제자들을 대할 때도 하나의 일반론을 제시하지 않고 제자마다 다른 비유를 내어주었다.

그러나 그들의 가르침은 또 하나의 교리가 되고, 도그마가 되어버린다. 붓다가 입멸한 후 신으로 추앙받고, 예수가 십자가에 못 박힌 뒤 기독교가 창시되었을 때, 즉 도=이가 되어 하나의 로고스(理法)가 구축될 때, 도를 통해 열린 세계는 다시 닫혀버린다. 탈구축의 시도가 하나의 입장으로 회수되고, 구체적인 삶의 경계 위에서 불안하게, 그러나 무한으로 열렸던 세계는 닫혀버린다. 타자를 향해 열어놓은 구체적 윤리는 다시 일반적 교리로 탈바꿈한다.

나는 그 운명을 그들이 예감했으리라 생각한다. 탈종교적 시도가 종교적으로 해석되고, 현실 속의 발언이 맥락에서 떨어져 나와 일반 원리로 받아들여질 위험성을 그들은 알고 있었으리라 생각한다. 바로 그런 까닭에

그들은 한 장소에 머물지 않았고 쓰지 않았던 것이다. 한 장소에 머물지 않았던 까닭은 하나의 공동체에 속하기를 거부한 것이며, 쓰지 않았던 까닭은 구체적 상황과 상대를 향한 발언이 도그마로 굳어져버릴 위험성을 경계했기 때문이다. 세계는 마주침으로서만 존재하며, 그 밖의 세계는 존재하지 않는다. 붓다는 해탈을 신비로운 불기둥이 아니라 인간 조건의 해체라고 가르쳤다. 예수는 하나님의 나라는 이미 너희 안에 있기에 내세를 구할 필요가 없다고 가르쳤다.

초기 경전과 신약성서를 보면 거기에는 도그마를 탈구축하는 요소가 남아 있다. 길(道)을 교리(理)로 세우려는 구축과 교리에서 길을 내려는 탈구축의 흔적이 공존하고 있다. 만약 붓다와 예수가 직접 그 텍스트들을 작성해 한 가지 목소리만 남아 있다면 그렇지 않았을 것이다. 즉 그들의 텍스트에는 저자가 존재하지 않는다. 제자들이 기록했지만 제자들의 고유명으로 회수되지도 않는다.

하나여야 할 저자가 부재한 까닭에 그 텍스트들은 복잡한 해석의 지평을 낳으며 텍스트 이상의 생명력을 갖는다. 여러 타자와 교통한 흔적이 새겨져 있으며, 문어로 전해졌지만 구어적 요소가 들썩이고 있다. 그리고 거기서 출현한 가르침이 수천 년을 이어가면서 살아 있는 자들에 의해 다시 번성한다. 그렇게 다산하는 까닭은 거기에는 원리화될 수 없는 원리성이 담겨 있기 때문이다.

그 원리란 "너 스스로가 너의 등불이 되어라"와 "진리를 너의 등불로 삼아라" 사이에서 진동하고 있을 것이다. '너 스스로 해야 한다'는 요구는 이미 패러독스다. 그러나 그들 가르침의 밑바탕에는 스스로를 가르치라는 요구가 자리잡고 있다. 이 패러독스야말로 그들 가르침이 철학과 종교를 낳고, 동시에 철학과 종교로 왜곡된 이유이지 않을까.

새벽 기차를 기다리다

부다가야에서 사흘을 헤맸다. 떠나려고 다시 가야역으로 돌아왔다. 출발 시간은 새벽 4시다. 이번에도 기차는 제시간을 지키지 않는다. 플랫폼에서 옆에 서 계신 스님께 어디로 가시는지 여쭌다. 파트나행 열차를 기다리고 계신데, 조금 늦는다고 하셨다.

　내가 탈 기차는 한 시간 정도 늦게 도착했다. 나만 기차에 오르는 것이 죄송해서 떠나기 전에 몇 시 기차인데 아직까지 기다리시는지 스님께 다시 여쭌다. 1시 20분에 도착했어야 할 기차라고 말씀하셨다. 전혀 초조해하는 기색이 없으셨기에 아득한 밤에 이토록 오래 기다리신 줄 몰랐다. 불력이신지 인도의 힘인지.

바라나시, 유한과 영원

설법과 전생

6년간 고행한 끝에 성도한 붓다는 홀로 사르나트로 떠났다. 250킬로미터에 달하는 거리였다. 붓다는 뙤약볕 아래 꼬박 열하루를 걸었을 것으로 추정된다. 왜 그토록 먼 길을 떠났던가. 부다가야에서 6년간 함께 고행하다가 자신을 떠난 다섯 수행자들을 찾아 나선 것이었다. 붓다는 사르나트에서 그들을 만나 최초로 설법을 행했다.

『전법륜경』轉法輪經은 최초의 설법을 이렇게 전한다.

세상에는 두 가지 치우친 길이 있다. 수행자는 어느 쪽으로 기울어서도 안 된다. 하나는 관능이 이끄는 대로 욕망과 쾌락에 빠지는 길인데 천하고 저속하며 어리석고 무익하다. 다른 하나는 자신을 괴롭히는 데 열중하는 고행인데 이 또한 괴롭기만 할 뿐 천하고 무익하기는 마찬가지다.

그러고는 확신에 차서 다섯 수행자들에게 말한다.

수행승들이여, 나는 두 가지 치우친 길을 버리고 올바른 길, 중도를 깨달았노라. 이 중도를 통해 통찰과 인식을 얻었고 평안과 깨달음과 열반에 이르렀노라.

붓다가 최초로 설법을 행했다고 하여 사르나트는 불교 성지가 되었다.

그러나 사르나트는 애초 영험한 땅으로 현세불인 석가모니가 결국 이곳에서 설법할 수밖에 없는 운명이었다는 설도 있다. 이미 사르나트에서는 몇 겁의 시간 동안 1,000명의 붓다가 설법을 했고, 석가모니의 전생도 이곳과 운명적으로 맺어져 있었다는 것이다.

때를 알 수 없는 과거에 사르나트의 숲속에는 500마리의 사슴 떼 두 패가 있었다. 한쪽 사슴 떼의 왕이 전생의 붓다였다. 당시 바라나시의 마하라자는 사냥을 해서 사슴고기 먹는 것을 즐겨 사슴들은 매일 생명의 위협을 느껴야 했다. 그리하여 사슴 왕은 마하자라를 찾아가 요청했다. 사슴고기가 먹고 싶다면 순번을 정해 매일 한 마리씩 사슴이 목숨을 내놓을 테니 사냥을 멈춰 달라. 마하라자는 그러겠노라고 약속했다.

어느 날, 죽을 차례였던 사슴이 새끼를 배고 있었다. 사슴 왕은 어미 사슴을 위해 죽음을 자청했다. 그 사실을 전해 들은 마하라자는 사슴 왕의 자비에 크게 깨달은 바가 있어 사슴을 죽이지 말라는 명령을 내렸다. 지금도 사르나트의 한자 이름은 녹야원鹿野園, 즉 사슴 정원이다.

나는 이런 전생담이 불교적인지 반불교적인지 모르겠다.

바라나시라는 말이 연상시키는 것들

사르나트에서 남쪽으로 12킬로미터 떨어진 곳에 바라나시가 있다.

바라나시. 그 말이 여러 연상을 불러일으킨다는 사실은 익히 알고 있었다. 갠지스를 따라 진법을 친 듯 가트들이 서 있고, 그 아래로 사람들이 석양빛을 받으며 강물에 몸을 담그고, 성자처럼 생긴 거지 혹은 거지처럼 보이는 성자가 인파에 섞여 비좁은 길을 거닐고, 길 한구석을 차지한 소는 엎드린 채 행인들의 부산함을 관조하고……. 바라나시는 어떤 오리엔탈리즘이 스며든 인도의 이미지가 분출하는 장소라는 것을 알고 있었다. 그래서 지레 나와는 맞지 않겠거니 생각했다.

하지만 사진으로 풍경을 볼 때와 그 풍경 속에 설 때 체험은 크게 달라진다. 막상 가보면 한 도시는 눈으로만 체험하는 게 아니다. 강이 도시의 풍경을 이 정도로 결정하는 곳이 또 있을까. 더구나 그 풍경은 공감각적이어서 더욱 묘한 매력을 풍긴다. 갠지스에서 힌두교인들이 목욕하는 모습은 사진으로, 텔레비전으로 익히 보아왔다. 하지만 가트에 서보니 깊이감이 달랐다.

강변의 가트에서는 활활 타오르는 장작 위에서 시신들이 타들어간다. 뼈가 뒤틀리고 연기가 피어오른다. 그 향은 마음을 차분하게도 산란하게도 만든다. 재가 날린다. 화장터에서 망자를 보내는 자들의 통곡과 강 건너로 영원을 외는 진언 소리는 인육이 타들어가는 매캐한 냄새와 섞이고 강 위에 떠 있는 시신과 소들의 시체는 몸을 움츠리게 만드는 촉각적 경험이기도 하다. 그 옆으로 강이 흐른다. 강물의 흐름과 사람의 죽음이라는 두 가지 반복성이 바라나시의 시간에 깊이를 더한다. 시간의 흐름은 거대한 강처럼 장대한 윤회를 반복한다.

가트는 강변에서 강물까지 계단으로 이어진 제방이다. 바라나시에는 여든네 개의 가트가 6킬로미터에 걸쳐
늘어서 있다. 어느 골목에서 헤매든 가트를 따라 강가로 나올 수 있다.

바라나시와 갠지스

사르나트가 붓다의 존재감에 기대어 고대 도시가 되었다면, 바라나시는 죽음이라는 인간 시간의 끝자락에서, 그리고 그 한계를 넘어 장구히 순환하는 신의 시간 속에서 세상에서 가장 오래된 도시가 되었다. 붓다가 전전하던 기원전 500년경, 이미 바라나시는 당대의 지배 종교였던 브라만교를 넘어서려는 신흥 사상가들이 몰려드는 도시였다. 그들은 바라나시에서 서로의 사상을 교류했다. 그리하여 바라나시는 일찍이 순례자들로부터 '영적인 빛으로 가득 찬 도시'라는 의미의 '카시'라는 이름을 얻었다. 오늘날에도 마크 트웨인은 "역사보다, 전통보다, 전설보다 오래된 도시"라고 바라나시를 묘사했다. 확실히 바라나시의 비좁은 골목을 헤매다 고루한 건물에 덧칠해놓은 시멘트 자국을 봤을 때의 기묘한 공간감에서 그렇게 공간을 몇 겹으로 쌓아놓았을 시간성을 상상하게 된다. 오래된 도시구나.

하지만 골목에서 맛볼 수 있는 바라나시의 시간성은 제한적이다. 역시 바라나시를 바라나시로 만드는 것은 도도하게 흐르는 갠지스다. 갠지스는 영어식 이름이고 현지에서는 '강가'로 불린다. 강가는 신격화되어 여신 강가 마타지, '어머니인 강가신'으로 숭배된다. 히말라야의 강고트리 빙하에서 발원해 기세 좋게 남으로 흘러내린 강물은 힌두스탄 평원에 이르면 유유하게 동으로 방향을 튼다. 그곳에 바라나시가 자리하고 있다. 바라나시는 초승달 모양으로 굴곡진 곳에 위치한다. 인도 대륙에서 보자면 갠지스는 바라나시에서 신들이 사는 히말라야 쪽으로 흐름을 바꾸는 것이다.

갠지스는 성스러운 강이다. 갠지스만이 아니라 힌두인에게 강은 몸을 씻을 뿐 아니라 마음을 정화하는 성스러운 곳이다. 강이 없는 마을에는 저수지라도 있다. 그리고 집에서 목욕을 하더라도 머릿속으로 신성한 강을 떠올리면 내면도 씻어낼 수 있단다. 갠지스는 그중에서도 특히 영험한 강으로 숭배되고 있다. 강가 자르, 즉 갠지스의 성수로 목욕하면 모든 죄악을 씻어내고, 갠지스에서 죽고 화장해 남은 재가 강 위에 뿌려지면 윤회에서 벗어날 수 있다고 한다. 더욱이 갠지스에서 떨어진 곳에서도 의례를 할때 그 지방의 물을 담은 항아리에 강가 자르를 한 방울이라도 떨어뜨리면 그 물로 부정을 씻을 수 있다고 여길 만큼 갠지스의 영력에 대한 믿음은 대단하다.

힌두인들의 전설에 따르면 바기라타 왕은 선조가 범한 죄를 씻어내고자 신들에게 간청하며 고행했는데, 강가 여신이 간절함에 응해 천상에서 지상으로 내려왔으며, 이후로 갠지스는 모든 사람의 죄를 씻어준다고 한다. 물론 확인할 수 없는 이야기다. 다만 갠지스에는 목욕하는 사람들로 즐비했고, 강물을 담아갈 작은 단지를 가져온 사람들을 분명히 목격할 수 있었다.

갠지스에서 목욕을 하기에 가장 좋은 날은 일식이 있는 날이다. 목욕할 때는 해가 뜨는 동쪽을 향해 만트라를 외우고 비슈누와 같은 위대한 신 혹은 구루의 이름을 읊는다. 그러나 갠지스에 몸을 담가도 이승에서는 끝내 씻어낼 수 없는 다섯 가지 범죄가 있다. 브라만을 살해하는 일, 태어나지 않은 아이를 지우는 일, 술을 마시는 일, 금을 훔치는 일, 스승의 아내와

통정하는 일이다. 이처럼 깊고 무거운 죄를 지으면 내세에 미천한 짐승으로 환생하거나 나락으로 떨어진다고 한다. 이것은 결코 확인할 수 없는 이야기다. 다만 이런 말이 정설처럼 받아들여진다면, 이곳의 주된 금기가 무엇인지는 알 수 있다.

화장하는 풍경

출애굽한 헤브라이족은 사막 위를 떠돌았다. 노예라는 사회적 족쇄에서 벗어나자 사막이라는 자연의 속박에서 헤맸다. 사막은 열린 세계다. 그러나 신과의 계약이 마무리될 때까지 헤브라이족은 그 속에서 굶주림과 헐벗음에 시달려야 했다.

사막에는 공간의 좌표가 없고, 시간의 경계도 없다. 하늘도 텅 비어 있고, 땅은 불모다. 사막 위에 남긴 흔적은 바람이 삼켜버린다. 따라서 유랑의 날들은 현실이 아닌 다른 곳에서 기억되고 계산되어야 했다. 과거도 현재도 신과의 약속이 실현될 미래를 향해야 했다. 수난이 가혹할수록 그 믿음 역시 깊어갔다. 존재의 지반인 자연을 기쁨이 아닌 저주로 경험해야 했던 민족은 절망의 시간을 끝끝내 견디고 나서 다시는 돌아가지 않으려고 종말, 심판, 불가역적인 시간을 만들어냈다.

그러나 갠지스가 있는 풍경은 다르다. 이곳의 시간은 인간에게로 퍼져 갔다가 갠지스의 품으로 다시 되돌아간다.

바라나시를 바라나시로 만드는 것이 갠지스라면, 바라나시를 바라나시라는 풍경으로 만드는 것은 강가의 화장터다. 마니카르니카 가트의 화장터에는 시신을 태우는 연기가 끊이지 않는다. 천에 말린 주검을 대나무로 엮은 들것으로 운반하는 인부들의 발걸음도 계속 이어진다. 주검은 화장을 하기 전에 먼저 시바신을 모시는 타라케슈와르 사원에 안치된다. 그곳에서 승려는 사자의 귀에 구제의 진언인 타라카 만트라를 속삭인다. 그리고 시신을 화장터로 옮겨 강물에 세 번 적시고 나서 장작더미 위에 올려놓고 나면 상주가 불을 붙인다.

이미 생을 떠난 육신은 다시 한번 불살라진다. 그렇게 무無가 되기 위해 마지막으로 타인의 손에 의탁한다. 힌두교에서 인생은 고통이다. 내생을 얻을 때마다 고통을 감내해야 한다. 그러나 갠지스에서 화장하면 해탈할 수 있다. 화장은 완전한 무가 되기 위한 최후의 여정이다.

상념에 사로잡혀 한 인간의 형체가 사라지는 장면을 지켜본다. 인부는 서두르느라 타들어가는 시신을 긴 막대기로 뒤집는다. 시신은 재가 되고, 인부는 그렇게 먹고살아간다. 시신이 검게 변했다. 인부가 시신을 막대기로 내리치자 얼마 전까지 머리였던 해골이 몸에서 떨어져 구른다. 다시 내리치자 해골은 바스라지며 좀더 재에 가까워진다. 하지만 한쪽 발이 불길 바깥으로 튀어나왔다. 개들이 눈독을 들인다. 시신은 재가 되고, 개들은 먹고살아야 한다.

화장하고 남은 재는 도무 카스트의 인부들이 강으로 흘려보낸다. 주검은 세 시간은 온전히 불길을 유지해야 재로 돌릴 수 있다고 한다. 그러나 장작이 충분치 않으면 완전히 태울 수가 없다. 태워지지 않은 주검의 일부는 그대로 강물에 잠긴다. 그런 주검들의 내생은 어찌 되는 것일까.

"도시가 화장터를 위해 존재한다"

화장터는 바라나시를 바라나시라는 풍경으로 만든다. 그러나 유구한 역사를 지니는 화장 풍습은 영국의 식민 통치기에 위기를 겪기도 했다. 19세기 중반 바라나시는 영국의 통치 아래 놓였다. 영국의 식민 통치는 정치·경제 분야만이 아니라 힌두인의 문화적 전통도 침범했다. 영국의 행정 당국은 화장 풍습을 폐지하려 했고, 그리하여 힌두인과 식민 관료의 가치관은 정면으로 충돌했다.

첨예한 대립의 선두에는 선교사들이 있었다. 그들은 갠지스에서 사람들이 죽어가는 모습을 보고 경악했다. 그 기록은 1839년에 기록된 알렉산더 더프의 『인도와 인도 선교 사절단』에 남아 있다.

갠지스 강가에서는 매일처럼 구역질 날 듯한 광경이 펼쳐진다. 죽은 자, 마지막 고통에 허덕이는 자, 힘을 다한 자를 강가에 데려다 놓고 물을 마시게 하니 죽는 사람만 늘리는 꼴이다. 기독교인이라면 죽어가는 자에게 음식과 잠자리를 주고 정성껏 보살폈을 것이다. 이들 힌두교 정신과 우리들 기독교 정신 가운데 과연 어느 쪽이 천국에 더 가깝다고 말할 수 있을까.

선교사들은 인도의 화장 풍습을 혹독하게 비난했다. 영국인 행정관도 거들고 나섰다. "도시 중심에 화장터가 있는 것은 공중위생상 바람직하지 못하다. 화장터를 즉시 교외로 옮기고 원시적인 화장법도 근대화시켜야 한다." 그러나 바라나시의 힌두인들은 거세게 반발했고, 화장법을 둘러싼 논쟁은 30년 넘게 이어졌다.

바라나시 공문서 자료실에는 이 논쟁의 종지부를 찍은 문서가 남아 있다. 『바라나시 시정보고서 1925-26』에는 이렇게 기록되어 있다. "화장터가 도시를 위해 존재하는 것이 아니라 도시가 화장터를 위해 존재한다." 어느 다큐멘터리에서 본 내용이다.

유한과 영원

바라나시는 영원과 내세를 꿈꾼다. 아침에 눈을 떠 강가로 나가니 사람들은 목욕으로 하루를 열고 있으며, 그 하루는 밤이 되자 내세를 향하는 아르티 푸자 의식으로 마무리된다. 매일의 반복 속에서 하루는 영원을 기린다. 영원은 지속이 만들어내는 시간의 연장이 아니라 매일의 반복을 가능케 하는 시간의 축 같은 것인지 모른다. 며칠을 그곳에서 서성이고 있자니 나의 시간은 휘어진다.

인도의 신들 가운데 칼리 여신이 있다. 특히 무서운 형상을 하고 있다. 피부는 검고, 눈은 새빨갛게 충혈되어 분노로 이글거린다. 새하얀 이는 피부색과 더욱 두드러지게 대조되어 기괴하다. 팔은 여럿 달렸는데, 팔마다 갖가지 무기가 쥐어져 있다. 칼리 여신은 겉모습만 무시무시한 게 아니다. 그녀의 존재 의미는 더욱 공포스럽다. 그녀는 시간이자 곧 죽음을 상징한다.

시간은 그녀의 피부색처럼 칠흑 같은 어둠 속으로 흩어진다. 시간은 갠지스처럼 흘러 만물은 무로 해체된다. 칼리 여신은 바로 영구한 시간의 흐름이자 동시에 유한한 개체의 소멸을 상징하고 있다. 자연 현상은 되풀이되고, 갠지스는 도도하게 영원히 흐르지만 인생은 전으로 돌아갈 수 없다. 밤과 낮, 겨울과 여름, 건기와 우기는 반복되는 자연의 리듬으로서 같은 바퀴 주위를 계속해서 돈다. 그러나 인생은 짧다. 인간은 시간의 속박을 벗어날 수 없는 한계 존재다. 그리고 이곳 바라나시는 자연의 영원성과 인생의 유한성이 대조되고 공존하는 장소다.

인간은 영원성의 맞은편에 놓여 결국 부서질 운명이다. 그리하여 살아 있는 동안에도 죽음에 대한 두려움이 조금씩 생을 좀먹는다. 죽음에 대한 두려움, 이 영원한 정신병에 대해 여러 문명은 수천 년간 실패할 처방들을 내놓았다. 불사의 영약을 찾거나 미라로 보존해 죽음을 극복하려 했다. 혹은 논리적으로 정복하려는 시도도 있었다. 생을 덧없게 만드는 시간의식의 존립 구조를 밝혀내고 시간의 비실재성을 논증하여 철학적 해결을 꾀했다. 혹은 환상적으로 타개하려고도 했다. 육은 유한하나 혼은 영원하리라는 종교적 해결을 기도했다.

그리하여 인간은 시간의 불가역성, 인생의 유한성을 극복하려고 신마저 만들어냈다. 유한한 존재가 무한한 존재를 창조한다. 유한 속에서 무한이 날개를 펼쳤다. 인간은 신을 통해 시간의 한계에서 벗어나 영생을 추구했고, 신은 인간의 역사만큼의 수명으로 장수해왔다.

인간은 자신의 피조물을 이해하지 못한다

신이라는 존재는 공허한 시간을 의미로 채운다. 기독교에서 시간은 구원에 관한 함수다. 비록 신은 부재하지만 불교에서 금생은 전생에 지은 업의 결과다. 힌두교에서도 윤회의 관념은 인간에게 두려움과 동시에 위안을 준다. 시간은 되돌아오지 않지만 종교를 통해 우리가 쏜 화살은 우리에게 되돌아온다.

그러나 인간의 유한성에 대한 답으로 기능하는 신이 정작 무엇인지는 알려져 있지 않다. 유한한 인간은 아주 오랫동안 영원한 신에 관한 지식을 쌓아왔지만 인간은 여전히 자신의 피조물을 이해하지 못한다. 토마스 아퀴나스는 "신은 알 수 없는 것으로 인식될 때 제대로 인식되는 것이다"라고 말했다.

나는 그렇게 생각한다. 신은 허수와 같은 존재다. 따라서 신은 영원히 파악되지 않는다. 고차원의 방정식을 풀고자 할 때 허수를 사용해 근의 공식을 만들면 복잡한 계산을 거치지 않고도 비교적 방정식이 쉽게 풀린다.

인간계는 실수의 세계다. 신이란 복잡한 인간계의 방정식을 풀기 위한, 의미를 도출해내기 위한 허수다.

그리하여 신은 초월적인 형상을 띤다. 그러나 이곳에서 신은 인격화되어 무척 알기 쉬운 모습을 하고 있다. 힌두교의 특징이기도 한데, 생각해보면 타종교에서도 신은 초월적인 존재이며 형언할 수 없는 대상이지만, 신에 관한 상상은 진부할 만큼 유형화되어 있다. 먼 과거와 오늘 사이에, 이 종교와 저 종교 사이에 크게 달라진 것은 없다. 인간은 자신의 형상으로 신을 빚는다. 붓다는 일찍이 인격신을 버렸지만 신에 관한 한 현대인 역시 2,500년의 시차 속에서 살아가고 있다.

프로이트는 '이상한 것' 내지 '소원한 것'unheimlich은 원래 '친밀한 것' heimlich이었다고 말했다. 아무리 초월적으로 보여도 신은 애초 인간 내부에 있던 것이 바깥으로 소외되어 나타난 형상이다. 신의 본질은 인간의 무력함이며, 신의 기능은 인간이 느끼는 갈증의 해소다. 프로이트보다 앞서 포이에르바흐는 신은 인간의 유적 본질의 자기소외 형태라고 말했다. 즉 신이란 인간적 특징을 자아 바깥에 있는 외부 대상에 투사한 것이다. 인간은 생각하고 행동하고 사랑하는 힘을 자신에게서 떼어내 신에게 귀속시켰다. 그 까닭은 인간이 두려움에 사로잡힌 존재이기 때문이다. 그리하여 인간적 능력을 초자연적 인격에 투사하고 과장하여 인간은 자신의 적대자나 자연을 능가하는 힘이 자신을 보호해준다고 믿는다. 또한 죽음에 대한 두려움에서 벗어나 자연이 영속하듯이 자신도 사멸하지 않으리라고 믿는다.

어두운 방에서 무릎을 꿇고 기도한다. 혹은 물을 떠놓고 빈다. 그러면 신은 응답한다. 신은 권능으로 무장시킨 자기 자신이기 때문이다. 신은 범접할 수 없는 존재이나, 범접할 수 없는 채로 인간 속에 있다.

그러나 포이에르바흐에게 진정 하고 싶은 말은 따로 있었다. 인간이 신을 창조했더니 인간은 인간 자신을 평가절하하게 되었다. 인간의 능력을 신에게 돌림으로써 인간은 힘을 잃고 말았고, 힘을 어떻게 쓰는지도 잊고 말았다. 신은 인간의 소외태지만 신을 통해 인간은 자기 자신에게서 소외된다. 신은 허수이지 실수가 아니다. 기능이지 실재는 아닌 것이다. 인간이 해를 구하고 나면 신은 놓아도 된다. 하지만 인간은 그 허수에 속박당한다.

거대한 연기

시체가 타오른다. 점차 재로 변한다. 저 영혼은 갠지스 강 혹은 요단 강을 건너 윤회 없는 세계에 이를 것인가 혹은 내생으로 돌아올 것인가, 그것도 아니라면 그저 사라질 것인가. 알 수 없는 일이다.

오랫동안 시신이 타오르는 모습을 보고 있노라니, 그 옆에서 움직이는 살아 있는 생명들도 눈에 들어온다. 들것으로 운구를 나른다. 나무 무게를 잰다. 제방 위에 앉아 명상을 한다. 산스크리트어로 만트라를 읊으며 강에 몸을 담근다. 만트라 읊는 소리는 퍼져나가다가 얼마 못 가 웅웅거리는 잡음 섞인 라디오 소리와 뒤섞인다. 라디오를 켜놓은 남자는 오수午睡를 즐긴다. 옆에서 가부좌를 튼 사두(힌두교 수행자)는 등을 긁는다.

시선을 강으로 옮긴다. 소 한 마리가 강에다가 푸른똥을 싼다. 그 옆으로 배변을 보려고 한 아이가 쪼그리고 있다. 일을 마친 아이는 코를 팽 푼 다음에 강물에 휘휘 젓는다. 사내는 강물에 침을 뱉는다. 강물 위에는 재가 떠다닌다. 노인은 목욕한다. 저기 아낙은 그 물로 빨래를 한다. 늘어난 상의를 강물에 담갔다 꺼내 넓적한 돌판에 내리친다.

돌판 너머로 한 노인이 드러누워 있다. 쓰러져 있는지도 모른다. 뙤약볕인데 오랫동안 미동도 하지 않는다. 어쩌면 남의 보살핌을 받지 못한 채 그 모습으로 생이 꺼져가고 있는지도 모른다.

대체 서울의 어떤 곳을 베었을 때 이렇게 중층적인 인생살이를 볼 수 있겠는가. 갠지스는 거대한 연기다. 불결하고 신성하다. 이것이 갠지스의 영성인지도 모른다.

카스트라는 시간

강가에는 잿더미가 쌓여 있다. 한 사내는 재를 바구니로 퍼서 강에 발을 담그고 있는 다른 사내에게 날라준다. 강 속의 사내는 바구니를 강물 속에 넣고 살살 흔들어 모래를 걸러내더니 바구니 안을 뒤진다. 잿더미 속에 감춰졌던 사자死者의 가락지나 금니를 찾는 것이다. 사람이 죽는 곳에서의

생업이다. 죽음이 곁에 있기에 삶은 더욱 치열하게 보인다.

화장터에서 장작불을 지피고 지켜온 자들은 파이라 계급에 속한다. 그들은 3,500년간 이곳에서 대대로 장작불을 지켜왔다고 한다. 그러나 그들은 불가촉천민이다. 수십 혹은 수백 년 동안 이곳에서 아버지의 아버지, 그 아버지의 아버지들은 불을 지켜왔다. 같은 필름을 다시 돌리듯 사는 모습이 반복된다. 저 아이의 일생, 저 사내의 일생, 저 아비의 일……, 여기서 시간은 대체 어떻게 흘러가는 것인가.

대대로 전승되는 저들의 일상은 카스트의 시간만큼 이어져왔다. 의무도 권리도 카스트에 따라 나뉜다. 브라만은 신의 머리와 입, 크샤트리아는 팔과 가슴, 바이샤는 허벅지, 수드라는 발에서 나왔다고 한다. 고대의 『마누법전』에 따르면, 브라만은 『베다』를 가르치고 제사와 의식을 집행하며, 크샤트리아는 사람을 보호하고 『베다』를 배운다. 바이샤는 소를 기르고 땅을 갈며 장사를 하고 돈을 다룬다. 그리고 수드라는 세 계급에 봉사해야 한다. 수드라는 『베다』를 배울 수 없다. 수드라가 『베다』 읽는 소리를 엿들으면 그 귀에 끓는 납을 붓고, 『베다』를 읽으면 혀를 자르고, 『베다』를 기억하면 몸을 두 동강 낸다. 『마누법전』의 말씀이다.

카스트의 위계는 얼마나 정결한 존재인지에 따라 갈린다. 불가촉민은 윗옷을 벗고 다니기도 한다. 자신들의 더러운 옷소매가 상위 계급의 몸에 닿아서는 안 되기 때문이다. 그들은 닿아서는 안 될 뿐만 아니라 브라만의 눈에는 보여서도 안 될 존재로서 '독 묻은 화살'이라 불린 적도 있다.

죽음과 배설에 관한 일들은 불가촉민의 몫이다. 때 묻은 옷을 빨고, 남의 털을 만지는 이발사 노릇을 한다. 똥을 치우고 동물의 사체를 옮기고 그 가죽을 다룬다. 불가촉민은 남들과 한 우물을 쓰지 못한다. 가까운 우물을 놔두고 물을 길으러 몇십 리씩 나가야 하는 경우도 있다. 20세기 초 콜카타에서는 상수도를 건설할 때 불가촉민과 한 수도관을 쓸 수 없다는 이유로 거센 반대운동이 일기도 했다.

일부 지역에서는 불가촉민의 그림자마저 불결하다고 여겨졌으며, 불가촉민은 자신이 왔다는 사실을 알리기 위해 방울을 달고 다녀야 했다. 그런 신의 규정이 있었다고 한다. 신은 인간의 소외태지만, 어떤 인간은 신의 말씀으로 인해 소외당한다.

"딸이 태어나면 근심거리가 생긴다"

아직도 자리를 뜨지 않았다. 화장터를 바라본다. 시신 주위에는 남자들만 있다. 부모를 마지막으로 보내는 자리에 딸은 함께하지 못한다. 아들만이 부모의 주검에 손을 댈 수 있으며, 오로지 아들만이 부모를 편안하게 내세로 보내드릴 수 있다. 따라서 아들이 태어나면 집안의 축복이다. 반면 딸에 대해서는 고대 인도의 설화집 『판차탄트라』에서 이렇게 말한다. "딸이 태어나면 이 세상에서 큰 근심거리가 생긴다."

인도의 고법전 『마누법전』은 삼종지도三從之道를 강조한다. "결혼 전에는 친정아버지를, 결혼 후에는 남편을, 남편이 죽으면 아들을 따르라." 차별의식을 조장하는 인도의 속담도 있다. "여자들의 흠이란 수천이고 여자들의 장점이란 세 가지다. 집안을 돌보고 아들을 낳고 남편과 함께 죽는 것이다." 순장은 사티, 곧 '전통'이라 불린다. 현재 순장은 금지되었으며 재혼금지법도 거의 효력을 상실했다.

그러나 여전한 현실이 있다. 인도에서 신문을 사면 제법 두툼한 광고란이 딸려 있다. 거기에는 '신부 구함'Bride Wanted 코너가 있다. 그 코너에는 배우자를 찾기 위한 노골적 광고가 올라온다. "나이 28세, 브라만 출신, 인도공과대학 졸업, 미국 시민권 있음, 연수입 500만 루피. 하얀 피부의 크샤트리아 이상의 지적인 여성 구함." 도시화가 진행되자 같은 카스트 출신의 이성을 찾는 것이 힘들어졌고, 그래서 신문 광고가 성행이다.

그렇게 해서 만남이 성사되면 순혈임을 증명하는 족보 열람을 시작으로 결혼을 향해 다가간다. 그 과정에서 가장 중요한 것은 다우리 흥정이다. 신분과 여타 조건에 따라 가격이 달라진다. 다우리(dowry, 결혼지참금)는 계약금, 중도금, 잔금의 순으로 나누어 지불된다. 물론 다우리는 신부 측이 치른다. 결혼식에서 신부 측은 또 한 번 예물을 한가득 가져와 마을 사람들에게 보여주며 신부의 행복을 보장받는다. 시골에서는 신부가 결혼식 날 처음으로 신랑의 얼굴을 보게 되는 경우가 많다. 그러나 마련해 온 예물과 지참금으로 신랑 측을 만족시키지 못하면 결혼식 날 파혼당하는 수도 있다. 혼수를 적게 해온 부인을 태워 죽인 사건도 벌어졌다.

〈시티 오브 조이〉에서 하자리가 그토록 힘들게 릭샤를 몰았던 이유 역시 다우리를 마련해 딸을 시집보내기 위해서였다. 인도의 물가를 감안하

건대 다우리는 상당한 액수다. 어느 다큐멘터리는 다우리가 보통 우리 돈 1,000만 원이 넘는 수십만 루피에 이른다고 보고했다. 그 액수를 충당하려면 보통의 사람들은 빚을 내야 한다. 딸을 시집보내려고 부모는 삶을 저당 잡힌다. 오늘날 인도에서 다우리를 요구하면 법적으로 5~7년형까지 선고받을 수 있지만 거의 지켜지지 않는다고 한다.

지켜지지 않는 법은 또 있다. 1994년 성 감별 금지법이 통과되었다. 그러나 그다지 실효를 거두지 못했으며, 초음파 기술을 통한 낙태 시술은 점차 늘어나 성비는 몹시 불균형하다. 조혼 금지법도 유명무실하다. 결혼하여 삶을 저당 잡히는 것은 여성의 부모만이 아니다. 신부는 결혼하면 코를 뚫는다. 남편의 소유가 되었다는 의미다. 팔찌, 발찌와 같은 화려한 장식도 처녀가 하는 장식이라기보다 기혼녀가 한 남자에게 속했음을 상징하는 경우가 많다. 그러나 화려한 장식을 하고서도 여성은 한낮에 밖으로 나가지 못한다. 외출을 하려면 남편에게 허락을 받아야 한다. 외출을 하지 않는 동안 집안일만이 아니라 밭일도 그녀들의 몫이다.

어떻게 판단할 것인가

카스트 제도와 여성 차별에 대한 장면을 보거나 사실을 접하게 되면 "인도 사회는"이라며 운운거리고 싶어진다. 신의 입에서 나온 규율이더라도, 따르는 자도 핍박받는 자도 인간이며, 따라서 판단도 변화도 인간의 몫이

아니겠는가.

그러나 여행자는 인도 사회를 무엇에 근거하여 판단해야 하는가. 문명의 잣대를 들이밀 것인가, 아니면 보편적인(보편적이라지만 정치적 편향이 농후한) 인권 담론에 기댈 것인가. 그러나 여행자가 진정 갖춰야 할 미덕이 있다면 그것은 타사회를 섣불리 판단하지 않는 것일 게다. 나는 그렇게 생각한다.

각각의 인간 사회는 여러 가지 가능성 가운데 무언가를 택하며, 그런 선택들은 함부로 비교될 수 없다. 비록 그 선택이 차별과 폭력과 빈곤을 낳더라도 서툰 판단은 유보해야 한다. 각 문화의 가치는 동등하다. 문화와 문화 사이에서는 우위를 정할 수 없다. 그러나 자칫 이런 관용은 문화상대주의를 가장해 타문화의 악습마저도 추인하며 윤리적 책임감을 무디게 만들 수 있다. 타인의 삶이더라도 그저 초연해서는 안 될 일이다.

여행을 하는 동안 그 딜레마와 자주 마주친다. 아니 여행은 그 딜레마 속으로 들어가는 행위다. 그동안 편력한 나는 이제 이렇게 생각한다. 물론 최종 결론은 아니며 앞으로의 여정을 통해 수정될 것이다. 다른 사회가 지닌 문화적 고유성은 외부인이, 더구나 곧 그곳을 떠날 여행자가 섣불리 판단할 수 있는 게 아니다. 그러나 존중받아야 할 고유문화라면 해당 사회의 다수 성원이 공감하고 있어야 한다. 만약 그 문화가 기득권을 유지하기 위한 장치이며, 해당 사회의 피압박자들이 거부한다면 문화적 고유성이란 명목으로 온존되어서는 안 된다.

나는 긴 목이 아름답다는 미의식으로 인해 미얀마의 파다웅족 여성들이 무리하게 목을 늘리다가 몸을 해치더라도 미개하다거나 여성 차별이라고 판단해서는 안 된다고 생각한다. 파다웅족 여성들 스스로 그런 미의식에 이의를 제기하지 않는다면 말이다. 편향된 미의식으로 건강을 해치는 일은 성형수술, 다이어트의 형태로 내가 사는 사회에서도 비일비재하다.

그러나 아프리카와 중동의 일부 사회에서 자행되는 여성 할례는 절대 용인되어서는 안 된다. 할례를 받아야 할 갓난 여아는 자신의 의사를 밝힐 수 없으며, 의사를 밝힐 수 있는 많은 여성들은 할례가 폭력이고 여성 차별임을 증언하고 있기 때문이다. 그러나 히잡 착용은 무슬림 여성들이 스스로 문제제기를 하지 않는 한 외부인이 문명의 잣대를 들이대서는 안 된다.

그러나 또 한 번의 '그러나'가 필요하다. 여행자라면 자신이 판단을 내려봐야 대단한 일일 수 없다는 무력함을 알아야 한다. 판단했다고 해당 사회에 어떤 보탬이 되지는 않는다. 오히려 대상을 판단하겠다고 대상으로부터 거리를 취하고 거기서 우월감을 맛보는 것은 아닌지 의심해봐야 한다. 면책특권을 누릴 수 있다고 착각하는 것은 아닌지 자문해야 한다.

만약 판단에 그치지 않고 여행자가 행동에 나서더라도 그 의도가 굴절되지 않고 현지 사회에 반영된다는 보장은 없다. 결국 여행자는 그 사회의 구성원이 아닌 것이다. 책임을 동반한 정의감과 주제넘은 유권해석의 경계는 모호하다. 만약 판단을 행동으로 옮기려면 복잡한 성찰 능력이 필요하다. 그 능력은 여행자가 자신의 무력함을 인정하는 데서 비로소 숙성될 수 있을 것이다.

영원의 하루

이제 해가 넘어간다. 붉다. 강에서는 한 생명의 죽음이 연기로 피어오르고, 하늘에서는 하루의 죽음이 시작되려 하고 있다.

푸자 의식을 보러 간다. 색색깔의 전구들이 요란하다. 그러나 어둠은 이미 짙다. 하루가 또 영원 속으로 흩어지려 할 때, 바라나시에서는 이제 껏 수백 년간 이 힌두 의식을 이어왔다. 갠지스는 이승과 저승 사이를 흐르며, 이승 쪽 강가에 모인 사람들은 두 손을 모아 합장한다. 브라만은 장작불을 지피기 전에 불 주위를 다섯 바퀴 돈다. 불, 물, 공기, 흙, 에테르를 뜻한다. 추한 것, 더러운 것, 불결한 것, 아름다운 것, 신성한 것은 모두 이름을 잃고 하나의 실재 속으로 스러진다. 삶과 죽음, 과거와 미래, 한없는 공간과 시간을 하나로 잡아끄는 이 강가는 얼마나 풍요롭고 성스러운가.

푸자 의식이 끝났다. 사람들은 소원을 빌며 촛불이 담긴 디아(dia, 꽃불)를 강물에 띄워 보낸다. 내겐 특별히 기원할 것이 없다. 하지만 이런 공기 속에서라면 무언가를 기원해야 할 것 같다. 기원할 것이 생길 것만 같다.

호텔로 돌아간다. 갑자기 정전이 찾아왔다. 어둡다. 일순 고대 도시가 돌아왔다. 소리를 타고서. 밤의 어둠은 훨씬 깊고, 달은 그만큼 더 환하게 빛난다.

여행이 공정하다는 의미,

카트만두

공감각적 여행

푸자 의식이 끝나고 군중은 흩어진다. 나도 호텔로 돌아갈 채비를 하는데 사람들이 뒤섞이는 와중에 누군가 내 손을 잡았다. 처음에는 외국인이라고 악수를 건네는 줄 알았다. 그러나 노인은 내 손을 주무르기 시작했다. 마사지하는 사람이구나, 알아차렸다. 콜카타에서 격리당한 이래 몸은 여전히 어느 한구석이 틀어져 있었다. 지쳐 있었다. 매만져주는 손을 뿌리칠 수 없었다. 노인에게 손을 맡겨두니 점차 노인의 손은 내 손을 타고 올라와 팔목을 거쳐 어깨에까지 이르렀다. 노인은 전신 마사지를 하려고 내 몸을 뉘었다. 그래 좋다. 관자놀이도 좀 꾹꾹 눌러달라고 해야지.

하지만 눕기 전에 물어봐야 했다. "얼마예요?" "10루피." 노인이 부른 값은 믿기지 않을 만큼 싸다. 끝나고 조금 더 얹어주면 되겠지. 그는 돗자리를 깔았고, 나는 길거리 한복판에 누웠다. 행인들은 내려다보는데 그 눈길이 싫지 않았다. 그 노인이 왼쪽 다리를 주물렀다. 그런데 누군가의 손이 나타나더니 오른쪽 다리를 주무르기 시작했다. 고개를 들어보니 어딘가에서 젊은 사내가 한 명 더 등장했다. 10루피 장사가 아님을 알았다.

이곳은 약속한 만큼 지갑을 열면 되는 곳이 아니다. 그러나 그들의 손아귀 힘으로 내 근육은 조금씩 풀린다. 손도 안 씻고 마사지를 하나 싶었지만, 어차피 내 몸도 그들만큼 거리를 굴렀다. 결국 둘에게 50루피씩 100루피 장사였다.

인도 여행은 촉각적 체험이다. 만지고, 스치고, 부딪힌다. 인도 여행은 후각적 체험이기도 하다. 호텔로 돌아오는 으슥한 골목의 담벼락에는 지린내가 배어 있다. 후미진 거리를 지나면 크레졸 냄새, DDT 냄새가 따라오고, 여기에다 음식점에서 풍겨오는 향신료 냄새도 뒤섞인다. 식당에서 식사를 하던 사람은 한 손으로 차파티를 먹다가 기름투성이 손으로 잔을 쥐고 짜이를 마신다. 그건 내게 촉각적, 미각적, 후각적, 심리학적 체험이기도 하다.

인도 여행은 청각적이기도 하다. 눈은 돌릴 수 있지만, 귀를 막기란 쉽지 않다. 귀는 가장 첨예하게 낯선 것과 조우한다. 내 몸을 감싸는 이곳의 공기처럼 소리가 있고, 나는 그 소리들 속으로 가라앉는다. 여러 소리들이 내 안으로 스며든다. 내 몸은 주파수가 잘못 잡힌 라디오처럼 치직거린다.

그렇게 육체의 오감이 자극된다. 육체의 오감과 함께 정신의 오감―감수성, 상상력, 직관력, 사고력, 영감―도 깨어난다. 감수성은 풍요로워진다. 여러 감정이 밀려오지만 다른 정신력들에 힘입어 그 위를 파도 탄다. 상상력의 폭은 넓어진다. 연상 작용은 아주 먼 곳까지 다니면서도 길을 잃지 않는다. 그리고 섬광처럼 번득이는 직관의 소리가 들려온다. 내가 누구인지 매 순간 무엇을 하고 있는지에 관한 명철한 사고력도 가동된다. 그리고 영감은 저 창공의 구름처럼 모여 있는 관념들을 포착해 끌고 내려온다.

인도를 떠나다

그러나 그건 몸이 좋을 때의 이야기다. 콜카타에서 치명상을 입지 않았을 때의 이야기다. 몸은 지쳤고 마음은 바깥 것들을 향해 열리기보다는 바깥 것들이 못 들어오도록 움츠리고 있다. 문득 이 도시의 리듬을 타기가 힘들 어진다. 시간의 사슬이 풀리면 공간의 족쇄도 풀리는가 보다. 갑자기 어떤 시간으로 내던져져 미로 같은 혼돈 속에서 며칠간 해방감을 만끽했다. 그 러나 이제는 피곤이 몰려온다.

여기서는 마주치고 스치고 부대껴야 한다. 사람 사이의 거리는 충분히 확보되지 않는다. 비좁은 골목에서는 거리를 유지하기가 더욱 힘들어진 다. 끈질기게 아이가 따라온다. "바이 디스. 유 해피, 아임 해피." 결국 너 의 해피는 내가 돈을 더 치러야 충족되는 것 아니니. 하지만 그 물건에 관 심도 없고, 흥정을 시작하기도 싫단다. 함부로 말을 건네고 자꾸 건드리고 표정을 순간순간 바꿔가며 장난치는 십대들을 상대하는 일도 이제 벅차 다. 너희들이 그렇게 툭툭 치면 옆에 기댈 사람이 없는 나로서는 자칫 폭 발할지 몰라. 묻지도 않았는데 상대가 충고를 해준다면 대개 돈 이야기로 귀결된다. 걸핏하면 돈이다. 바라나시는 성스럽다. 하지만 상스럽다. 두 가지는 얼마든 공존할 수 있다.

바라나시만이 아니다. 이곳에 오기까지 여행길에서 너무 직선적이라고 느꼈던 경우가 한두 번이 아니다. 사업상의 대화를 꺼내기 전에 가족의 안 부를 물으며 에둘러가는 서울에서의 포석은 존재하지 않는다. 물론 나는 구식 예절, 허례허식, 쓸모없는 대화, 진공을 메우려는 허튼 몸부림을 좋아하지 않는다. 그것은 인간관계가 병들어 있는 징후일 것이다. 대신 이곳은 너무 직선적이다. 모자도 벗지 않고 인사말도 없이 바로 용건부터 꺼낸다. 상인은 여행자를 지갑으로 취급한다.

길을 지나는데 '헬로' 하며 나를 멈춰 세운다. 이곳처럼 여행자가 흘러넘치는 곳에서 날 불러 세운 이유가 호기심 때문은 아닐 것이다. 헬로는 인사가 아니다. 내 지갑 사정에 관심이 있는 거라면 다가와서 말을 건네야지 어디서 손짓으로 오라 가라란 말인가. 꺾어지는 골목에서 만난 사내는 다가오더니 "지기지기"(성교를 뜻하는 인도말)라거나 "마리화나, 하시시, 돌라 체인지"라며 말을 건넨다. 그 말들은 지친 나를 꼬집는다. 관심이 없다니까 자기 모자와 내 모자를 바꾸잔다. 이런 경험을 너무 자주 하면 스스로가 닳아버리는 느낌이 든다. 나는 점차 남들이 함부로 내게 접근하지 못하도록 자신을 냉기로 두른다. 무시하고 거짓말하고 나를 보호막 속에 둔다. 앞뒤를 재고 계산하는 능력만 자꾸 는다.

매일 부대꼈다. 물건을 살 때, 오토 릭샤를 탈 때 흥정이란 게 원래 한 번에 끝나지 않는 법이지만, 흥정이 끝난 우리의 작은 계약도 번번이 깨지고 말았다. 그저 시시껄렁하게 내게 던지는 말을 받아칠 뿐인데도 반복되자 힘이 들어갔다. 이곳에 오기 전 몸이 상한 탓도 있겠지. 나는 과민해져 갔다. 매번 상황은 다르고, 사람도 다르지만 과민해진 여행자는 오히려 차이를 차이로 인식하지 못한다. 자신에게 지나치게 민감해지면, 타인에게 둔감해진다. 그 다른 경험들은 한데 수렴되어 인도·인도인에게 시달리고 있다는 감상으로 흐른다. 그래서 한 사람에게 사기당하면 괜히 다음에 만난 사람에게 냉담해진다. 같은 인도인이라는 이유로.

나는 갈라진 종이다. 인도에 부딪혀도 아름답게 울리지 않는다. 이제 잠시 떠나야 한다. 어디선가 사물의 온기를 감촉하고 와야 한다. 재고 따지는 능력이 아니라 여행하는 능력을 회복해야 한다. 그렇게 생각했다.

푸자 의식을 보고 호텔로 돌아온 날 머리, 심장, 다리가 모두 딴 곳으로 향해서 헤매다가 서로 만나지 못하는 꿈을 꿨다. 정전 때문이었을까. 다리는 이미 라오스에서 잃어버린 손전등을 찾아 떠났다. 출구가 없을 때 분별력을 상실한 파괴 충동은, 그 충동이 남에게 향하는지 자신에게 향하는지조차 무감각하다. 꿈은 그 경고일지 모른다. 나는 나를 파괴하기 전에 떠나야 한다.

결심을 굳히고도 실행에 옮기지 않다가 그날이 왔다. 붓다가 처음으로 설법을 행한 사르나트에 다녀온 날이다. 오토 릭샤로 다녀왔다. 전날 한 일본인 여성을 알게 되어 그녀와 동행했다. 운전수는 사르나트에서 돌아오자 애초 약속한 금액의 두 배를 달라고 했다. 사르나트까지는 가까운 거리가 아니라서 애초 약속한 금액도 적지 않았다. 터무니없는 요구에 넘어갈 리 만무했다. 그러나 운전수는 이미 해본 솜씨였다. 목소리를 키우자 사정도 모르는 구경꾼들이 모여들었고 운전수는 기세등등해져 분위기를 험악하게 몰고 갔다. 그는 알고 있었다. 그녀와 나는 국적도 다르며, 서로 잘 모르는 사이라는 것을. 그리고 분위기가 험해지면 결국 그녀가 초조해할 것이며 돈을 치르게 되리라는 사실을. 결국 10여 분간 실랑이를 벌이

다가 내팽개치듯 돈을 건네주고 돌아섰다. 그 길로 여행사에 들러 다음 날 네팔로 가는 버스 티켓을 샀다.

우여곡절은 거기서 그치지 않았다. 네팔의 수도인 카트만두에 도착하기까지 10전 10패쯤 남아 있었다. 점차 매 순간이 승부처럼 여겨졌다. 승부는 번번이 나의 패배로 갈려 카트만두에 도착한 즈음에는 승부가 이미 끝났고 내게는 더 이상 지고 싶지 않다는 몸짓만이 남아 있었다. 하지만 도착한 그날 승부의 반복은 심정적으로 멎었다.

비가 내렸다. 게스트하우스를 감싸고 있는 6만 개의 잎사귀 위로 빗방울이 타닥타닥 떨어졌다. 큰 잎인지 작은 잎인지 물이 고인 잎인지에 따라 빗소리는 다르다. 다른 가지에서 뻗어 나온 6만 개의 잎사귀는 떨어지는 비를 매개 삼아 함께 화음을 이룬다. 그 소리에 잠복해 있던 외로움이, 그러나 결코 슬픈 정감만은 아닌 외로움이 새어 나온다. 비가 그쳤다. 가로등은 약간 퇴폐적인 느낌의 오렌지 빛으로 구름을 물들인다. 비에 젖은 벽돌은 검붉은 빛깔을 띤다. 거기서 가을을 느꼈다. 여름에 한국을 떠나 수십 일을 줄곧 더위 속에서 헤맸는데, 한순간에 한국과 같은 계절 속으로 들어왔다. 여행을 느꼈다.

마오주의자가 집권하다

카트만두로 오는 버스 안에서 여행자 한 명을 만났다. 엄밀히 말해 나 같은 배낭여행자는 아니었다. 캐나다 출신인 그는 앞으로 반년간 네팔어를 배우고 나서 네팔에서 생태운동을 할 계획이었다. 정치적인 타입의, 그것도 혼자 다니는 여행자를 장거리 버스 안에서 만나는 것은 행운이다. 확실히 처음 몇 시간은. 나중 일은 장담할 수 없지만. 또 옆자리에는 네팔인 대학생이 앉아 있었다. 전부터 궁금하던 최근 네팔의 정치 상황을 물어볼 기회였다.

사실 인도에서 네팔로 넘어오는 이 길은 그다지 안전하지 않다. 이따금 마오주의자들이 여행자를 납치해 정부를 압박하는 사건이 일어나 네팔은 종종 '여행 위험국가'로 분류되곤 했다. 하지만 2008년도 총선에서 마오주의자가 압승하여 내전은 종식되고 정치는 안정화되었다는 기사를 본적이 있다. 바라나시가 그러하듯 '마오주의'라는 말은 내게 어떤 상상을 불러일으켰다. 마오주의자가 정권을 잡았다는 소식에 나는 다소 흥분했다. 그러고 나서 네팔의 정치 상황을 개략적이나마 알아보았다.

20세기 말 소위 동구권이 무너져 역사가 요동하던 때 네팔에서도 커다란 정치적 격변이 일었다. 하지만 그것은 네팔의 시간을 따랐다. 내게 네팔의 정치 세력은 크게 세 가지라고 이해되었다. 왕정 세력과 의회민주주의를 지향하는 네팔의회당과 공산당 등의 기성 정당, 그리고 제도정치 외곽에 있는 마오주의 그룹이다. 1990년 봄, 가난에 허덕이던 네팔의 민중은 정치적 자유, 부정부패 척결을 요구하며 대규모 시위를 벌였다. 네팔의회당이 이끄는 단체와 공산주의자 조직이 연계해 몇 달에 걸친 격렬한 시위가 전개된 끝에 당시 비렌드라 국왕은 굴복했고, 네팔의회당과 공산당은 연합 내각을 구성했다. 그러나 왕정 세력은 새 헌법의 제정을 미루고 왕정을 비호하는 암살 세력이 기승을 부려 정국은 혼란에 빠졌고, 마오주의자들은 무장 투쟁을 일으켜 반군과 정부군 사이에 내전이 벌어졌다.

2001년 6월 1일 소위 '궁정 만찬 사건'이 발생했다. 왕세자 디펜드라는 인도인 여성과의 결혼을 원했다. 그러나 인도에 대한 국민감정이 좋지 않다는 이유로 왕실에서 반대하자 디펜드라는 불만을 품고 총기를 난사해 국왕 비렌드라와 왕비, 왕자, 공주 등 왕실 가족 9명을 살해하고 스스로 목숨을 끊었다.

그 사건으로 비렌드라의 동생인 갸넨드라가 네팔의 국왕으로 즉위했다. 하지만 그는 평소 무례한 언행으로 국민들의 불신이 높았던 데다가 궁정 만찬 사건의 실질적인 배후 인물로 지목받고 있었다. 갸넨드라가 왕위에 오르자 수천 명의 국민들이 연일 반대 시위를 벌였다. 그는 국민적 반발을 힘으로 내리눌러 이듬해 10월에는 의회를 해산하고, 2005년 2월에는 국가비상사태를 선포하여 정부를 해산했다. 그러나 결국 독재에 반대해 국민들이 거세게 일어나자 2006년 4월 권력 이양을 선언한다.

그때 기성의 일곱 개 정당과 마오주의자는 포괄적인 협정을 맺었는데, 무기와 군대 행정을 공동으로 감시하고, 임시 헌법을 제정하며, 마오주의자를 포함하는 임시 과도정부를 구성하기로 합의했다. 2007년 12월 네팔에서는 국민투표를 통해 왕정 폐지가 결정되었고, 2008년 5월 네팔연방민주공화국이 수립되었다. 내가 읽었던 기사는 네팔에 마오주의자가 집권했다며 2008년 총선 결과를 알려온 소식이었다. 마오주의자는 총선에서 승리했다. 그러나 과반 의석에는 실패해 네팔의회당, 공산당과의 연정을 꾀했는데, 각료직 배분 등을 놓고 이견이 많아 거국내각 구성까지는 시일이 걸릴 것이라고 그 기사는 보도했다.

버스에서 옆자리에 앉은 대학생에게 근황을 들을 수 있었다. 네팔의 정치가 안정화되었다는 말은 다소 실상과 달랐다. 마오주의 분파 내부의 알력 다툼과 정당들 간의 세력 분쟁으로 벌써 수상이 여러 차례 바뀌었고 정국은 어수선한 상태였다. 카트만두에 도착하고 나서 몇몇 사람에게 물어보았는데, 왕정에서 공화정으로 바뀐 것을 두고는 과거 왕실, 특히 비렌드라 왕에 대한 향수를 드러냈지만, 힌두 세계의 유일한 왕국이 사라진 것을 그렇게 아쉬워하지는 않는 분위기였다. 아울러 외곽에서 대정부 투쟁을 벌여오던 마오주의자에게 정치적 혼란을 극복할 역량이 있을지 의구심을 품으면서도 앞으로의 정치적 변화를 기대하는 목소리가 많았다.

의회민주주의의 구축 이외에도 네팔 사회는 해결해나가야 할 여러 사회문제를 안고 있다. 경제적·종교적·지역적·신분적·성별적 불평등은 이렇게 말로 늘어놓는다면 밋밋하게 느껴지지만 네팔의 사회구조와 복잡하게 얽혀 있어 어느 것 하나 만만치 않은 문제다. 버스에서 만난 대학생은 동부 네팔인, 불가촉민에 대한 차별 문제에 관심을 갖고 있었다. 그러나 그 이야기를 듣는 동안에도 내 관심은 마오주의로 향했다. 사회주의 혁명의 거대한 꿈이 빛을 잃고 중국 역시 중국적 사회주의라기보다 중국적 자본주의로 접어든 지금 마치 역사의 시간이 역류한 듯 등장한 네팔의 마오주의는 무엇을 의미하는가. 네팔의 오늘은 지나간 혁명에 대한 어떤 노스

텔지어처럼 느껴졌다.

그러나 그것은 분단국가에서 온 외부인의 궁금증일 따름이었다. 몇몇 사람에게 마오주의자에 대해 물어보았지만 내 호기심을 만족시켜줄 답변은 듣지 못했다. 기성 정당으로서 공산당이 건재하고, 마오주의 분파가 오랫동안 산악 지형을 활용해 게릴라전을 벌여왔던 이곳에서 마오주의 정권은 하나의 현실이지 혁명의 환상을 자극하는 무엇이 아니었다.

신의 인격화인가, 인격에 대한 폭력인가

숙소는 여행자들이 모여드는 타멜 거리에 잡았다. 도보로 20분 떨어진 곳에 두르바르 광장이 있다. 멀러 왕조시대에 왕국의 중심부였으며, 여러 왕들이 경쟁하듯 건축물을 올려 화려한 장식의 궁전과 사원이 빼곡히 들어서 있다. 쿠마리를 보러 광장에 왔다. 사실 그녀는 1년 중 사람들 눈앞에 나타나는 날이 며칠 되지 않으니, 그녀가 있다는 곳을 보러 왔다고 해야 정확한 표현이겠다. 쿠마리는 힌두교의 여신인 탈레주의 현신을 뜻한다.

먼 옛날 탈레주는 인간의 모습을 하고 왕국에 출현했다. 왕은 여신을 극진히 모셨다. 그러나 여신의 아름다움에 매혹된 나머지 어느 날 여신을 범하려 들었고, 분노한 여신은 이승을 떠났다. 왕은 잘못을 뉘우쳐 여신이 돌아오기를 빌었다. 여신은 직접 나타나는 대신 어린 여자아이를 택해 그녀를 자신의 분신으로 섬기라고 명했다. 그 여자아이가 쿠마리다.

두르바르 광장은 골동품과 자수품 가게가 즐비하고 과일 파는 상인, 옷 파는 장사꾼으로 붐벼 생기 넘치는
시장이자 살아 있는 박물관이다.

쿠마리로 선택받기 위한 조건은 까다롭다. 네왈리의 카스트에서 '석가모니'를 뜻하는 샤카의 성을 지닌 씨족만이 쿠마리를 배출할 수 있다. 쿠마리가 되려면 피부, 눈과 치아가 완벽하며 경전에 따르면 몸은 보리수와 같고 허벅지는 사슴과 같고 눈꺼풀은 소와 같아야 한다. 그런 신체적 조건을 지닌 2~4살 여자아이 가운데 선발된 어린이는 서른 두 가지 관문을 통과해야 쿠마리가 된다.

그중 한 가지다. 빛 한줌 들어오지 않는 방에 어린아이를 둔다. 방 안에는 양, 돼지, 닭의 머리가 피 냄새를 진동하며 놓여 있다. 아이가 무서워하면 신성이 없다는 뜻이다. 그런 여러 관문을 통과해 쿠마리가 되면 가족을 떠나 사원에서 생활하며, 매년 9월 인드라자트라 축제의 주인공이 되어 왕도 그녀에게 무릎을 꿇고 축복을 구한다. 그녀의 이마에는 삼라만상의

네팔의 살아 있는 여신 쿠마리.

180

이치를 꿰뚫어보는 제3의 눈이 그려진다.

쿠마리는 힌두 여신인 탈레주의 현신이지만 어떤 종교를 막론하고 네팔에서는 숭배의 대상이며, 쿠마리와 눈이 마주치면 행복이 깃든다고 여겨진다. 그러나 쿠마리가 피를 흘리면 신성을 잃어 운명이 바뀐다. 가시에라도 찔려 피를 흘리면 부정 탔다고 여겨지며, 초경이 시작되면 다른 여신으로 교체된다.

신성을 잃은 그녀는 집으로 돌아가야 하지만, 쿠마리였던 소녀가 집으로 돌아오면 가족들이 죽는다는 속설로 환영받지 못한다. 결혼을 하면 남편이 일찍 죽는다는 속설도 있어, 네팔에서 발붙일 곳을 잃어버린 그녀는 북인도 지역을 떠돌다가 성매매를 하게 되는 경우가 많다고 한다. 설사 집에서 받아들인다 하더라도 사원에서 업혀 지냈고 남들과 말을 나눈 적이 없기 때문에 일상에 적응하는 데 어려움을 겪는다. 쿠마리는 신앙관과 속설에 의한 희생양인 것이다.

그러나 쿠마리가 네팔의 전통이라 하더라도 반대의 목소리가 없는 것은 아니다. 꾸준히 쿠마리 제도가 아동 학대이자 인권 유린이며 여성 차별이라는 문제제기가 있어왔다. 그러던 중 논란이 불거지는 사건이 발생했다. 열 살의 쿠마리 사자니 샤키아가 영국의 방송 제작사가 만든 다큐멘터리 〈살아 있는 여신〉The living goddesses 홍보 등의 일정으로 미국을 방문한 것이다.

쿠마리의 첫 외국 방문이었다. 사원의 원로들은 소를 먹는 나라에 가서 부정이 탔다며 그녀에게서 쿠마리의 자격을 박탈하고 후계자를 물색했다. 이를 외신이 대대적으로 보도하고 외국의 인권단체가 가세하면서 쿠마리는 보존해야 할 전통인가 아니면 아동 학대인가로 논란이 불거졌다. 쿠마리 제도가 폐지되지 않는 한 이 논란은 줄곧 진행형일 것이다. 이제 차츰 모습을 갖춰가는 네팔의 민주주의는 종교적 구습을 벗는 데까지 나아갈 수 있을까. 그렇다면 전통 수호의 주장은 서구적 인권 담론에 무릎을 꿇는 모습을 취하게 될 것인가. '전통의 고수냐 인권의 보장이냐'라는 자주 접하는 도식은 무언가를 빠뜨리고 있다는 의구심이 들기 때문에 하는 말이다.

공정 여행과 당사자임의 자각

나는 쿠마리 문제의 추이가 궁금하다. 그러나 타문화의 어떤 현상에 '문제'라는 말을 붙이면 당사자도 아닌 내가 쉽사리 판단자의 위치에 설 수 있을 것만 같은 어떤 착각에 대해서도 따져보고 싶다. 쿠마리 문제에 내가 입장을 갖는다는 것은 무슨 의미일까. 그 입장을 내놓기 위해 필요한 사고의 절차는 무엇일까.

그러나 당장 내게는 카트만두에서 당사자로서 생각해야 할 보다 시급한 문제가 있었다. 카트만두를 떠나면 다음의 행선지는 포카라다. 거기서 안나푸르나에 오를 작정이었다. 카트만두에서는 트래킹 정보를 구하고 가이드를 알아볼 참이었다. 안나푸르나 트래킹은 남에게 짐을 맡겨 산에

중국의 윈난 성 고산지대에서는 송수관을 통해 물을 끌어다 쓴다. 그나마 그 송수관도 곳곳에서 줄줄 새고 있었다. 라오스의 루앙프라방 근처의 마을은 빗물을 받아 쓰고 있었다. 어느 통계에 따르면 고급 호텔의 객실 하나에서는 하루 평균 1.5톤의 물이 사용된다. 18홀 규모의 골프장이 하루에 소모하는 200만 리터의 물은 말레이시아 농부 100명이 농사에 쓰는 양과 맞먹는다.

오르고 장작불을 지펴 데운 물로 샤워를 하는, 내 것이 아닌 노동과 자원을 소비해야 여행이 가능하다는 사실이 날것으로 드러나는 여정이 될 것이다. 이건 여행자인 내가 곱씹어봐야 할 문제였다. 나는 네팔로 들어오면서 '공정 여행'Fair Travel을 한 가지 화두로 삼고 있었다.

여행은 대체로 어딘가로 가서 무언가를 보고 오는 일이지만 그 과정은 단순치 않다. 가는 길이 뚫려 있고, 머물고 먹을 수 있는 곳이 마련되어 있어야 한다. 그러려면 누군가의 수고가 필요하다. 더구나 내가 여행지로 들르는 그곳은 누군가의 삶의 터전일지도 모른다. 우리는 여행길을 따라 타인의 삶의 장소로 들어가는 것이다.

그러나 때로 '현지'라고 불리는 그곳은 타인의 삶이 고스란히 보존되어 있는 장소가 아니다. 내가 여행자로 방문한다는 그 행위로 말미암아 '현지'는 바뀌어간다. 바뀌어가는 풍경은 때로 이럴 수도 있다. 관광지로 개발되어 거기서 살아가는 이들의 삶의 양식이 뒤바뀐다. 공동체가 해체되어 이제 거리로 내몰린 이들은 레스토랑에서 전통춤을 스테이크에 끼워 팔고, 성매매와 접시 닦는 일로 생계를 이어간다. 해안에 리조트가 세워지면 어부는 바다를 잃고, 골프장이 들어선 땅에서 농민들은 물을 빼앗긴다. 그렇다면 누군가의 노동, 누군가에게 더욱 필요할지 모를 물과 전기와 음식물을 사들이며 돈을 지불했다고 그 행위가 '정당한' 것일 수 있을까. 더구나 여행자들이 몰려드는 마을은 여행자의 수요에 맞춰 서비스업이 늘어가고 물가는 올라가 현지인의 생활은 궁핍해지곤 한다. 관광지는 돈이 모이는 곳이라는 이유로 잉여 노동력을 불러들이고, 또다시 현지인의 생활은 궁핍해진다.

　그 은밀하고도 거대한 착취의 구조 속에 여행을 떠난 나는 당사자로 참여하고 있다. 거기서는 판단도 요구되고 행동도 요구된다. 그 문제를 사고하는 일은 외부자로서 향유하는 지적 흥미가 아닌 것이다.

"가슴속에는 추억을 남기고, 산에는 단지 발자국만을 남겨라"

두르바르 광장에서 타멜 거리로 돌아왔다. 복잡한 거리에는 호텔, 게스트하우스, 레스토랑, 세탁소, 바, 제과점, 구두 수선집, 인터넷 카페, 환전소, 여행사들이 들어차 있다. 타멜 거리에서 KEEP(Kathmandu Environmental Education Project)을 찾았다. KEEP은 관광산업이 네팔인과 네팔의 자연환경에 미치는 영향을 조사하고, 여행자들과 현지인들을 교육하고, 자원 프로그램을 운영하는 시민 단체다. 네팔에 오기 전 한국에서 얻은 정보였으니 꽤 알려진 곳이리라고 짐작했지만 KEEP이 어디에 있는지 도통 아는 사람이 없었다. 물어물어 겨우 찾아갔을 때는 이미 오후 2시를 넘긴 시각이었다.

　매일 2시에 KEEP에서는 〈짐을 나르다〉Carring the burden라는 다큐멘터리를 보여준다는 정보도 접했던 터다. 하지만 그날은 보러 온 사람이 없어 내가 방문하자 처음부터 다시 상영해주었다. 〈짐을 나르다〉는 포터에 대한 다큐멘터리다. 포터는 트래킹을 할 때 짐을 나르는 사람이다.

1960~1970년대 히피들의 행렬이 지나간 포카라에는 1980년대에 들어 고어텍스족이 찾아왔다. 그들은 히말라야를 '트래킹'했다. 트래킹은 '가볍게 걷는 산행'을 뜻한다. 그런데 히말라야를 가볍게 오른다니 그 가벼움은 누군가에게 무거움으로 전가되어야 한다. 포터들은 수십 킬로그램에 달하는 짐을 메고 트래커와 함께 산에 오른다. 그렇게 해서 받는 돈은 하루에 10달러 남짓. 〈짐을 나르다〉는 포터가 처한 열악한 노동조건을 고발하는 내용이었다.

다큐멘터리를 보고 나와 KEEP 내부에 마련된 그린카페에서 간단한 식사를 주문했다. 한쪽 테이블에서 어떤 분이 신문을 보고 있었다. 바깥에는 비가 한창 쏟아지고 있었다. 그 분위기 속에서 자연스레 그분과 대화가 이어졌는데, 알고 보니 KEEP의 대표 쿠마르 구릉 씨였다. 좋은 기회다 싶어 인터뷰를 청했는데, 그런 요청에 익숙하신지라 편히 여러 말씀을 해주셨다.

내 첫 질문은 이것이었다. 팸플릿을 보니 KEEP의 주요 사업 가운데 현지인에게 영어를 가르치는 것이 있는데, 그렇게 관광객이 쉽게 드나들 수 있는 조건이 조성되면 마을이 바뀌지 않겠느냐고. 우문이었다. 그의 이야기에 따르면 산악 국가인 네팔에서 관광 수익은 GDP의 40퍼센트에 달할 만큼 절대적이며, 따라서 현지인이 좀더 수월하게 일거리를 찾을 수 있도록 도와주는 것이 응당 KEEP의 주요 사업이 된다는 것이었다. 아울러 KEEP에서는 관광객에게 트래킹 정보를 제공해줄 뿐만 아니라 그저 소비자로 머물다 가지 않도록 마을 탐방이나 쓰레기 수거 등의 활동 프로그램

쿠마루 구룽 씨. 그는 '포터들을 위한 의류은행'에 들렀다 가라고 권했다. KEEP에서 3분쯤 떨어진 곳에 있다. 이곳은 여행자로부터 등산 점퍼와 등산화 등을 기증받아 장비를 갖추지 못한 포터들에게 무상으로 나눠준다. 이번 달에는 17명의 포터에게 장비를 제공했다고 밝혔다. 나와 안나푸르나를 동행해준 포터는 샌들로 산을 올랐다. 그는 '포터들을 위한 의류은행'이나 KEEP의 존재를 모르고 있었다.

을 마련하고, 네팔의 문화를 알리는 사업에도 공을 들이고 있었다.

안나푸르나를 오를 때 기억하라고 당부했던 구체적인 수치들은 특히 기억에 남았다. 하루의 트래킹을 마치고 산장에서 따뜻한 샤워를 하려면 세 그루의 나무를 베어야 한다. 안나푸르나 등반을 하는 동안 트래커는 평균 72리터의 물을 마시는데, 자기 물통을 가지고 있지 않으면 72개의 플라스틱 병이 쓰레기로 남는 꼴이다. 만약 아이들이 돈을 요구한다면, 그 자리에서 돈을 주기보다는 학교에 기부를 하라. 마을을 돕고 싶다면 수공예품을 사라. 그리고 가슴속에는 추억을 남기고, 산에는 단지 발자국만을 남겨달라.

여행이 공정하다는 의미

쿠마르 구룽 씨와의 대화 가운데 또 한 가지 흥미로운 대목이 있었다. 그는 공정 여행이라는 용어보다 책임 여행responsible travel이라는 말을 선호했다. 공정하게 자원과 타인의 노동을 구매하는 것도 중요하지만, 여행자 스스로가 자기 여행에 책임을 지는 일이 더욱 값지다고 강조했다.

한 달 전 중국에서 만난 분도 다른 맥락에서 공정 여행이란 표현에 불편함을 느낀다고 말한 기억이 있다. 그는 한국에서 사회운동에 매진하다가 중국에 와서 정착했는데, 중국에서 여행자가 아니라 생활자로 살아간다는 고유한 감각이 있었기에 그 말이 가능했을 것이다. 가령 한국 관광객이 중국에 와서 마사지를 받고 지불하는 돈이 너무 적어 미안하다고 느끼더라도 빈곤의 개념과 빈부 격차의 양상이 한국과 중국은 다르기 때문에, 자칫 한국 사회에 근거해 중국을 이해하는 꼴이 될 수 있다고 말했다. '공정함'을 말하려면 그것을 재는 척도가 있어야 하는데, 이질적인 두 사회의 맥락이 교착하는 가운데에서 그 척도가 어떻게 쉽게 마련될 수 있겠느냐는 것이다. 적당하게 돈을 치렀다는 판단이 섣부른 윤리적 자부심을 안길 때 현지 사회에 대한 몰이해를 그 대가로 치르고 있는지도 모를 일이다. 확실히 '공정'이라는 말의 울림은 미묘하다.

비가 그쳤다. 타멜 거리로 돌아오는 길에 '공정 여행'이란 말에 대해 생각했다. 과연 책임 여행이 더 유용한 표현인지는 알 수 없지만 공정 여행이란 말은 물질적인 거래의 형태를 취하지 않는 다양한 이미지·감정의 소비와 인식·시선의 폭력을 짚어내기에는 다소 불충분하다는 인상이다. 바라나시를 향한 저 몽환적 이미지, 각기 다른 사람들을 인도인이라는 하나의 표상으로 묶으며 '인도'라는 것에서 느꼈던 피로감, 네팔 사회의 맥락과 무관하게 '마오주의'라는 말에 품었던 판타지, '영어 교육 강화'란 말에 치이던 차에 섣불리 인터뷰에서 꺼냈던 물음 등 그렇듯 소소히 많은 사건들을 민감하게 살피기에 공정 여행이라는 말은 충분치 않았다. 사실 '공정 여행'이라는 표현이 적합한지 적합하지 않은지는 중요하지 않다. 다만 감정의 면에서 그리고 인식상에서 일어난 소소한 사건들이 '여행의 사고'의 값진 자원들인 것이다.

여행과 자유

안나푸르나를 오르고 또 내려왔다. 소소한 여행의 사고는 제법 더 쌓였다. 한참을 산에서 보낸 뒤 간만에 인터넷을 열었다. 포털 사이트 제일 상단에 "미누에게 자유를"이라는 문구가 올라왔다. 불안한 예감이 들었다. 내가 아는 미누는 그 사람밖에 없다. 클릭해서 기사를 열었다. 미누 씨가 화성 외국인보호소로 잡혀와 강제 출국을 앞두고 있다는 내용이었다. 미누 씨는 친구들이 많다. 나도 그중의 한 명이다. 내가 공부하는 연구실은 미누 씨가 일하는 이주노동자방송국MWTV과 같은 공간에 있다. 신문 기사로도 나왔듯 그는 18년을 한국에서 살았다. 나는 그의 18년 한국살이를 알지 못하지만, 수년을 보아왔다. 갑작스러운 소식에 당혹스럽고 분노스러웠다.

다행히 미누 씨의 사건은 묻히지 않아 언론에 보도되고 'FREE MINU'라는 카페도 만들어져 많은 사람들이 미누 씨를 응원하고 있었다. "미누에게 자유를"이라는 호소는 한국 땅에서 살아갈 권리를 허용하라는 몹시도 당연한 요구였지만, 그 최소한의 권리가 18년을 살아온 그에게는 허락되지 않았다. 아마도 강제 출국 조치는 그가 이주노동자로서 스탑 크랙다운의 보컬로 왕성히 활동해온 것에 대한 앙갚음일 것이다. 앙갚음이라고 느꼈다. 어떤 제도적 조치라기보다 적의 가득한 복수로 보였다.

"미누에게 자유를!" 나도 그렇게 말하고 싶다. 그러나 미누 씨를 생각하면 자유라는 말에서 다른 어감이 느껴지기도 한다. 내가 아는 미누 씨는 정말이지 자유를 사는 사람이었다. 저 멀리 떨어진 곳에 있어 다가가 거머

쥐어야 할 목표라기보다, 자유는 그것을 살아가는 행위라고 느껴졌다. 아도르노의 말이라고 기억한다. 그는 행복을 두고 할 수 있는 말은 진리에도 적용된다고 했다. 행복이 그러하듯 진리 역시 소유할 대상이 아니라 그 안에 존재하는 것이다. 내게는 미누 씨가 자유를 살아가는 모습이 그렇게 이해되었다. 자유는 쟁취해야 할 권리이기 이전에 그렇게 사는 것이다. 자유를 살아가는 사람 곁에 있으면 그 사람을 두르고 있는 에너지의 장이, 그 사람에게서 풍겨오는 고유한 향이 느껴진다. 그런데 권리 형태의 자유가 그에게 삶의 태도로서의 자유에 상처를 입히고 있다.

미누 씨는 네팔에서 태어나고 자랐다. 미누 씨 기사를 접한 그날 거리에서 수공예품을 팔고 계신 할머니를 따라 포카라의 티베트 난민 캠프에 갔다. 티베트 시민권을 가지고 있지만 국적으로 인정받지 못해 난민으로 살아가는 티베트인들의 캠프가 네팔과 인도 곳곳에 있다. 난민 캠프의 허름함에서 자유라는 말의 무거움, 자유를 얻기 위해 꾸려야 할 생활의 버거움을 느꼈다. 그러나 아울러 척박한 환경에서 피어나는 억척스러운 자유도 만났다. 미누 씨와 닮은 자유다. "FREE TIBET." 티베트에는 자유가 주어져야 하고, 티베트는 이미 자유로운지도 모른다. 그 두 가지 자유는 다를 테지만.

그러나 외면할 수 없는 사실이 있다. 내가 여행지로 찾아온 네팔은 미누 씨의 고국이지만, 그는 한국에서 쫓겨나 유배를 당하듯 18년 만에 이곳으로 돌아오게 될 것이다. 미누 씨에게 남은 시간은 길지 않다. 그때쯤 나는 여행을 마치고 한국으로 돌아갈 것이다. 서로 모국으로 돌아간 후 나

세계가 100명의 마을이라면 국외로 여행할 수 있는 사람은 14명뿐이라고 한다. 그중 8명은 유럽인이고 2.8명은 아시아와 호주 사람이고 나머지 2.2명은 북아메리카인이며 남은 1명이 아프리카와 남아메리카, 그리고 중동의 세 지역을 모두 합한 사람이다. 여행할 자유는 불균등하다.

20,570,400. 카트만두의 한 공예품 가게에서 만난 노동자와 대화 끝에 나온 숫자다. 그것은 네팔에서 한국으로 가기 위해 브로커에게 지불하는 비용이다. 달러를 네팔 루피로 환산했더니 저 엄청난 숫자가 나왔다. 자신이 10년을 일해도 모을 수 없는 금액이라고 했다.

는 그를 찾아 네팔로 올 수 있지만, 미누 씨가 친구들을 만나러 한국에 오는 일은 결코 수월하지 않을 것이다. 경계와 문턱. 전에 그다지 실감의 차원에서는 생각해보지 못했다. 여행을 다니는 동안 별로 걸려 넘어진 적이 없기 때문이다. 그러나 이제 묻게 된다. 여행자로 향유하는 내 자유에 관하여 내가 간직한 자유의 질에 관하여.

6

도시의 시간과 일탈의 장소,
안나푸르나

수년간 크리스마스가 오면 어김없이 산에 올랐다. 덕유산을 자주 갔다. 눈이 하얗게 덮이면 산은 거대한 출렁임을 연출한다. 설산의 주름은 산을 일으켜 세운 힘의 존재를 보여준다. 덕유산 향적봉에서 30분을 채 가지 않아 굽이굽이 능선 길이 내려다보이는 장소가 있다. 시선이 닿는 저 멀리까지 뻗어간 눈 덮인 길은 의미를 부여하고 싶은 아름다움이다. 딱히 화이트 크리스마스를 기다리지 않는다. 산에 오르면 눈이 내리지 않더라도 날린다. 크리스마스가 특별한 날이라서 산에 간다기보다 설산에 오르면 그해 크리스마스는 특별해진다.

그리고 서른에는 히말라야를 내게 선물하고 싶었다. 비록 한 해 늦었지만 만으로 서른을 잡아두고 히말라야의 한 자락을 찾았다. 서른이 인생의 특별한 문턱이라고는 별로 생각하지 않는다. 다만 이곳에 오면 30대의 시작을 축복할 수 있을 것 같았다.

하루

안 그래도 버스로 오는 길에 날씨가 우중충해서 걱정했는데 포카라에 도착하니 비가 퍼붓는다. 카트만두에서부터 동행한 가이드는 포카라에서 일박하고 아침 일찍 산에 오르자고 권한다. 확실히 처음부터 짐을 젖게 만드는 건 미련한 짓이다. 그러나 비에 젖은 안나푸르나도 줄곧 내 마음속 앵글의 한 장면이었다. 만류하는 가이드를 설득해 산으로 향한다.

자동차로 한 시간 남짓 비를 가른 뒤 첫날의 트래킹이 시작되었다. 산에 오르려고 무리수를 두면 후회할 일이 생기는 법이지만 이번만은 아니다. 물기를 잔뜩 머금은 산 공기가 폐부 깊숙이 들어온다. 그렇다. 인간의 몸에는 구멍이 여러 개다. 눈, 코, 귀, 입 모두 마음껏 제 기능을 발휘한다. 그리고 내일 아침 로지lodge를 나서면 물안개가 기다리고 있을 것이다.

차를 타고 안나푸르나로 오기 전 트래킹하는 동안 쓰지 않을 물건들은 포카라의 게스트하우스에 맡겼다. 그중 노트북은 가져가야 할지 한참 망설였다. 이번 여행은 글을 쓰며 다니기로 마음먹은 터라 행여나 노트북이 고장나면 정말이지 낭패다. 그다음 위험 목록은 카메라, 현금, 여권 순이다. 그래도 열흘 가까이 산을 타는데 그간 미뤄뒀던 번역이라도 해볼 요량으로 결국 챙겨왔다.

그리고 또 한 가지. 아주 오랜만에 일기를 쓰고 싶었다. 하루의 고단한 트래킹을 마치면 로지에서 저녁을 먹고 나서 따뜻한 차를 홀짝이며 노트북 화면 위에다 하나씩 문장을 새겨보는 일. 전부터 기대해온 휴식의 모습이다. 바깥 풍경을 매개 삼아 내면의 풍경을 찬찬히 기록하고 싶었고, 그런 글은 일기일 거라고 생각했다.

저녁을 먹고 일기를 쓰려고 노트북을 꺼낸다. 바깥에는 바람 소리가 요란하고 따뜻한 홍차는 벌써 주문해놓았다. 쓸 준비는 끝났다. 빈 문서에 몇 자 적어보는데, 언젠가 게오르크 지멜의 「알프스 여행」이라는 글을 저장해놓은 기억이 난다. 혹시 일기를 쓰는 데 도움이 될까 싶어 찾아본다. 지멜은 한 15도쯤 삐딱한 감수성과 신랄한 문체, 치밀한 분석력을 지닌

사회학자다. 「알프스 여행」에서도 그런 면모가 잘 드러나는데 짧아서 전문을 타이핑해두었다. 간만에 파일을 열어본다. 그랬더니 웬걸, 안나푸르나를 찾은 내 감상에 재 뿌리는 이야기로 가득하다.

글이 시작되면 "도매금 판매"라는 표현이 나온다. 철도를 타고 매일같이 수천 명의 사람이 알프스로 쏟아져 들어오는 걸 그렇게 불렀다. 관광객들은 험준한 길, 오래된 음식, 삶의 인내와 인내에서 피어오를 영감을 구해 알프스로 발을 들이지만 "자연이여, 나는 고독한 인간으로서 그대 앞에 서겠노라"라는 낭만주의는 더 이상 맛보기 어렵다. 지멜은 알프스 여행을 '사회심리학적 사실'이라고 표현한다. 한 개인은 고독과 정적을 찾아 알프스로 떠나지만, 지멜의 말을 빌리자면 "북독일의 저지대에서 살아가는 사람처럼 우울하고 불안한 존재"인 그런 개인들은 몹시 많다. 알프스를 향한 동경은 이미 대중화된 갈망이며 도시 생활이 만들어낸 사회심리인 것이다. 산은 공간적으로 도시 바깥에 있으나, 사회심리학적으로는 도시 세계의 내부에 있다.

조금 더 옮겨보자. "알프스 여행은 엄청난 긴장과 충만을 안긴다. 인간의 접근을 허락지 않는 거대한 힘과 찬연한 우아함이 무엇과도 비할 수 없이 융합된 위대한 자연은 그것을 보는 순간 그 어디에서도 체험할 수 없는 강렬한 감정으로 우리를 채워주며, 드러나지 않은 우리의 내면적 측면들을 일깨워준다. 마치 인간의 영혼은 사물이 더 높이 있을수록 그것을 더욱더 깊이 비춰주는 거울인 것처럼 말이다." 이처럼 그럴듯하게 기술해놓고는 바로 김빠지는 문장이 이어진다. "그러나 이 같은 흥분과 고양은 매우

빨리 가라앉는다. 달리 표현하자면, 마치 인간의 신경을 정상적인 방식보다 훨씬 더 강력하게 흥분시키는 자극제와도 같이 곧 사라진다. 알프스의 높은 경관이 주는 앙양昻揚의 분위기는 곧바로 평지의 세속적인 분위기로 바뀐다. 그것도 풍요로움, 침잠 그리고 신성함과 같은 영속적인 것 중 아무것도 얻지 못한 채로 말이다.”

지멜이 무슨 말을 하려는지는 잘 안다. 안나푸르나의 트래킹 일정이 궁금해서 찾아본 등정기는 그런 감상 일색이었다. 사람들의 감상은 너무도 닮았고 한결같이 착하다. 하지만 착한 감상과 자기만족은 윤리적이지도 않고 지적인 성숙도 낳지 못한다.

또한 산을 묘사하는 수사들을 보면 “떠났다”는 감흥에 취해 도시의 삶이 음각화된다. 장엄한 자연의 아름다움을 상찬하는 동안 도시에서의 삶은 초라하게 비친다. 그런 감흥은 기분으로 머물 뿐 사고력에 뿌리내리지 못하니 지멜이 지적했듯이 감흥을 낳은 대상이 사라지면 곧 누그러든다. 그의 말은 맞다. 하지만 살아가면서 그런 일탈과 도취는 필요하다. 나 역시 그것을 좇아 여기에 오지 않았던가.

산통이 깨졌다고나 할까. 백지에 혹은 풍경 위에 써보려던 안나푸르나의 일기는 「알프스 여행」에 첨삭하는 식으로 바뀌리라는 예감이 든다. 트래킹을 하는 내내 이 글과 씨름할 것이다. 10인치 모니터로 본 짧은 글 한 편이 나를 둘러싼 거대한 광경에 때로 맞먹으며 내 감상을 좌지우지할 것이다. 이건 병이다. 문자 중독증이다. 하지만 아직은 치료할 생각이 없다. 다만 기왕 이렇게 된 바에야 나의 섣부른 감상을 되짚어보되 거기서 무언

가를 사고의 자원으로 삼아야겠다. 만약 광경에 대한 내 감상이 연약해 쉽게 부서진다면, 그 감상의 파편에서 사고거리라도 건져 올려야겠다.

이틀

7시에 숙소를 떠난다고 가이드가 당부했지만, 아침밥도 챙겨 먹고 아침 공기도 느긋이 챙겨 마시니 아홉 시가 되어서야 출발했다. 뭐, 어제 빗속을 뚫고 와 벌어놓은 시간이 있지 않은가. 트래킹을 시작하기 전에 히말라야라는 이름의 유래를 알아두었다. 산스크리트어로 히마는 '눈'[雪]을, 알라야는 '거처'를 뜻해 '눈이 있는 곳'이라는 의미란다. 확실히 히말라야를 히말라야로 만드는 모습이라면 산봉우리를 덮은 만년설이 바람에 흩날리는 광경이다.

아침 햇살에 비치는 만년설을 보면 인간의 발길이 닿기 전 거대한 힘이 이곳을 일으켜 세웠고, 인간이 떠나더라도 이곳은 지속하리라는 느낌을 받는다. 만년설의 색감은 살포시 대지를 덮은 가벼운 흰색이 아니라 봉우리를 움켜쥐는 힘 좋은 흰색이다.

수천 년 시간의 풍화를 겪어왔을 그 오래된 빛깔은 수십 년을 사는 인간에게 미학적 자극을 안긴다. 만년설을 보면 고독감이 깃들기도 하며 환희가 반사되기도 한다. 그리고 신성이 떠오른다. 아주 오래전부터 신에 관한 사유들은 만년설에 응결되었으리라. 만년설로 뒤덮인 봉우리는 압도적인 위엄을 발산하지만 아울러 어떤 그리움도 배어나온다. 처음 그 광경을 대하더라도 오랫동안 간직해온 마음속 풍경인 양 그저 낯설지만은 않다. 신은 필시 두 모습을 다 지녔으리라.

지금 걸어가는 길은 그 신성의 장소로 나를 인도한다. 만년설을 보려면 아직 며칠 남았지만 수천 년의 압력을 말해주는 침식의 흔적에서 전조를 느낀다. 계곡을 보아도 힘이 느껴진다. 하얗게 거품이 일고 급류는 지축을 흔들며 굉음을 내지른다.

티베트에서는 에베레스트를 어머니 신이란 뜻의 초모룽마라고, 네팔에서는 눈의 여신이라는 뜻의 사가르마타라고 부른다. 인도인들에게 히말라야는 시바신의 고향이다. 이곳은 신 혹은 신의 그림자라도 거하는 곳이다. 그런데 알고 보니 에베레스트에는 그 이름만큼 기구한 사연이 있다. 식민의 역사가 새겨져 있는 것이다. 영국이 인도를 식민 지배하던 1892년 육군 측지부대는 지도를 만들려고 히말라야의 여러 봉우리를 삼각 측량하다가 가장 높은 봉우리를 발견했다. 식민 당국은 사가르마타 혹은 초모룽마라는 명칭을 무시하고 그 봉우리에 인도 측량국 초대 장관을 지낸 육군 대령 조지 에베레스트의 이름을 따서 달았다. 에베레스트가 지상 최고의 산으로 확인되는 순간이었다.

하지만 에베레스트는 이후 대지에서 가장 높은 곳으로 알려졌으나 하늘로부터는 멀어졌다. 신성에 대한 경외감을 대신해 정복을 향한 모험욕이 히말라야를 물들였다. 「알프스 여행」의 한 소절이다.

알프스의 스포츠클럽들은 생명의 위험을 극복하는 일이 도덕적으로 가치 있다고 여긴다. 물질의 저항에 대한 정신의 승리라고, 윤리적 역량들의 결과라고, 즉 용기, 의지력 및 이상적인 목표를 위해서 결집된 모든 능력의 결과라고 간주한다. 우리는 여기서 실제로 알프스에 투입된 에너지는 도덕성과는 아무런 상관도 없으며, 아니 때로 비도덕적인 목표를 위해 동원된 수단이라는 사실을 망각한다. 이것은 모든 삶의 에너지를 발산하는 긴장과 위험을 무릅쓴 게임, 그리고 장엄한 경관에 대한 감동에서 오는 순간적 즐거움을 위해 동원되는 수단일 따름이다.

이 문구는 히말라야에 더 잘 들어맞는다.

지멜은 알피니스트를 도박꾼에 비유하기도 했다. 도박에 중독되는 건 돈독보다는 짜릿함 때문이다. 그가 보기에는 알프스 등반도 주관적 자극과 만족을 구해 나선 목숨을 건 도박이다. 그는 이렇게 대중교통을 통해 밀려드는 관광객에게도, 위험하고 고독한 등정을 감행하는 알피니스트에게도 야박한 소리를 한다. 왜냐하면 지멜이 보기에 그것들은 도시 생활의 갑갑함을 도시 바깥에서 보상받으려는 몸부림이기 때문이다. 앞의 인용구에서 바로 이어지는 구절이다. "현대인의 존재가 불안하고 불확실할수록 그리고 모순으로 가득 차 있을수록, 우리는 더욱더 정열적으로 선악의 피안에 위치하는 저 높은 곳을 갈망하게 된다. 그 밖의 다른 모든 경우에 우리는 위를 쳐다보는 법을 잊어버리고 말았기 때문이다."

히말라야 등반은 그 갈망의 대명사가 되었다. 남들이 서보지 못한 봉우리에 오르고, 만약 남의 발길이 벌써 닿았다면 기록을 주파하거나 무산소 등정이라는 보다 척박한(자연에 가까울 것 같은) 상황에 자신을 몰아넣고 히말라야의 높이를 극복해내는 일은 박진감과 희열을 선사한다. 실제로 등정에 나선 자의 속내는 모르니 뭐라 말할 수 없지만, 그 등정에 쏠리는 사회적 관심만큼은 확실히 지멜이 말한 도시 생활과 자연으로의 일탈이라는 함수와 무관하지 않다. 그러나 도전과 정복의 대상으로서 산이 험준하고 사납다고 묘사될수록 산은 특유의 풍요로움을 잃고 왜소해진다.

사흘

「알프스 여행」에는 이런 구절도 나온다. "순간적으로 받는 감동의 세기와 깊이, 그리고 다른 한편 정신의 전체적인 구성과 분위기에 대해 지속적으로 지니는 가치 사이에 존재하는 불균형에서, 알프스 여행이 주는 영향은 음악이 주는 영향과 유사하다." 음악의 비유는 적절한 듯하다. 거대한 산은 웅장한 교향곡 같다. 일순 주변 사물과의 간극은 사라지고 조화의 세계가 출현한다.

눈앞에 둔 사물과 머릿속 생각 사이에는 어떤 상관관계가 있다. 큰 생각은 때로 거대한 광경을 요구한다. 깎여져 내려가는 절벽을 마주하노라면 품위 없다고 느껴지는 근심이 있다. 반면 어떤 착상들은 그 광경과 자연스럽게 어울린다. 자연의 웅장함은 산란한 마음을 차분하게 덮어준다.

압도적인 규모는 뇌를 포화시켜 소소한 것들을 걸어낸다.

혹은 이런 원리일지 모른다. 인간 두뇌의 탁월함은 세계의 다양한 요소들에 내적인 통일성을 부여하는 데 있다. 정신은 공간과 시간 속에서 분리되어 존재하는 사물들을 통일된 이미지와 개념으로 결합해낸다. 각기 떨어진 요소들 사이에 더욱 긴밀한 상호관계가 성립할수록 한층 충만한 것으로 감각된다. 히말라야가 내보이는 압도적 크기는 거대한 조화 속으로 잡다하고 소소한 것들을 끌어들인다.

이게 숭고미일 것이다. 일상 감각의 임계치를 넘어선 외부의 광경을 볼 때 초경험적인 힘을 느끼고 정신은 고양된다. 나라는 존재는 그 앞에서 하잘것없지만 위대한 힘에 감사하며 주변의 모든 존재와 지복을 나누고 싶은 감흥이 차오른다. 하지만 지멜은 앞서 알프스 여행이 음악과 닮았다고 할 때 다음의 문장을 염두에 두었다.

음악 역시 우리를 감각적 삶의 동화 같은 영역들로 인도한다. (……) 우리가 음악을 통해 경이롭게도 우리 자신 안에서 발견하고 우리의 소유물이라고 기뻐한 그 모든 고양과 열정은 음악과 더불어서 서서히 사라지고 인간의 영혼을 그 이전에 있던 바로 그 자리에 되돌려놓는다.

벅찬 감동과 경외감은 눈앞의 세계를 한없이 미화하지만, 진정한 윤리적 성숙은 자신만의 동화를 깰 때, 즉 자기 감흥과 자기 독백에서 벗어나 타인과의 복잡다단한 맥락과 부대끼고 거기서 비약을 범하지 않고 사고의 절차를 구체적으로 가다듬을 때 성취된다. 그럼에도 자연의 거대함은 내게 단순한 진실 하나를 가르쳐주며, 나는 거기서 위로를 얻는다. 마음에 남은 상처와 아픈 기억들은 좀처럼 사라지지 않는다. 다만 나의 정신적 품이 무한으로 커진다면 그 상처는 내 안에서 극소가 된다.

나흘

어젯밤 산장 주인은 8시도 안 되었는데 빨리들 들어가서 자라고 재촉했다. 그는 서둘러 전기를 끄고는 옆집으로 놀러갔다. 그때 알아봤어야 했다. 초저녁부터 잠들기도 쉽지 않았지만, 밤새 쿵딱쿵딱 시끄러웠다. 아침에야 알았다. 옆집에 결혼식이 있는 바람에 소란스러웠던 것이다. 좋은 구경을 놓쳤다. 다행히 아침 잔치에 끼어들어 전통춤을 구경할 수 있었다.

조금 늦게 트래킹을 시작하는 길에서 이스라엘 커플을 만났다. 그들은 허니문으로 안나푸르나에 왔단다. 신랑은 섬에 가고 싶었지만 신부가 산을 고집해 여기까지 끌려왔다고 앓는 소리를 한다.

이제 나는 확실히 서른을 넘겼다. 주위에서 성화까지는 아니어도 가끔 결혼은 언제 하냐고 묻는다. 그러나 결혼을 하기에 나는 내 시간에 너무도 이기적이다. 가정이 생기면 공부도 멈추고 여행도 끊길까봐 금생에는 없는 일이라고 일단 정해두었다. 결혼 생활이 아니라 연애관계라 하더라도 지금처럼 연인은 있지만 연애는 하지 않는 상태가 내 생활에는 적합하다.

안나푸르나의 결혼식 연희.

사실 서른이 되면 히말라야 말고 여행하려던 또 한 곳이 있었다. 같이 가자고 약속했던 사람도 있었다. 마추픽추였다. 하지만 친구는 4년 전, 지구 반대편으로 유학을 떠났다. 그 친구는 내가 이번 여정에 나서기 이틀 전 마추픽추에 다녀왔다. 결국 서로가 약속의 반쪽씩 실현한 것이다.

앨버트로스라는 새가 있다. 몸은 작지만 날개를 펴면 3~4미터에 달하며 활공을 통해 날갯짓을 하지 않아도 아주 멀리까지 날아간다. 한번 날개를 펴면 2년 동안 날아다니다가 2년 후에 자신이 떠났던 벼랑으로 돌아와 교미를 한단다. 이 대목은 잘 믿기지 않는다. 어쨌거나 거기에 정착하여 새끼를 낳아 기른다. "앨버트로스는 짝짓기 철이 되면 수많은 무리들이 한곳에 모여 일생동안 단 한 상대하고만 짝을 짓는다." 친구는 앨버트로스와 닮았는지 모른다. 다만 내가 그 수컷이 아니라 그저 벼랑일 가능성도 있다.

사실 친구의 사정도 있지만 현재 내 삶에서 연애가 얼마만큼의 비중이 되어도 좋은지를 결정할 수 없는 까닭에 연애는 유보하기로 했다. 연애는 분명 사람이 성숙하는 장이다. 책이라면 밑줄을 그어가며 얼추 이해할 수 있지만, 연애에서는 행간을 읽어내지 못하면 끝장이다. 그 안에 진정 사랑이라 부를 만한 게 있는지 없는지는 알 수 없지만, 적어도 인간으로서 서로에게 끌리는 사람과 사람 사이의 교섭이 있다. 그토록 타인을 애써 바라보는 관계는 없을 것이다. 거기서 추상은 허용되지 않으며, 인간의 말은 생생해진다. 에둘러가는 말들도 생생한 것이다. 그 관계는 분명 남들이 범접할 수 없는 위엄을 갖는다.

그러나 연애는 소모적이기도 하다. 감정도 시간도 그러하다. 그리고 다른 현실에서 관심을 거두도록 만들어준다는 점에서 편의적이다. 또한 가식적이다. 연애관계는 연인들 간에 전략과 전술을 요구하며, 그 관계 바깥의 사람들을 향해서는 우월감을 드러내는 수단이 된다. 연애의 효과는 계산된다. 그리하여 연애하는 것과 연애의 시늉을 하는 것은 혼동되기도 한다. 또한 연애는 배타적이다. 관계가 소유로 바뀔 때 연애는 인간의 소유욕을 가장 잘 드러내주고 증폭시킨다. 상대에게 배타적이며, 타인과의 관계에서 배타적이며, 자기 자신에 대해서도 배타적이 된다. 자신의 소유가 되면 연인은 더 이상 바라봄의 대상이 되지 않는다. 그리고 서로의 소유물이 되어 교환관계에 들어선다. 서로의 가치를 비교한다.

물론 그 사실을 안다고 피할 수 있는 일도 아니다. 다만 지금은 스스로가 하나의 세계로 성장해야 할 나의 가능성도 친구의 가능성도 너무나 소중하다. 그래서 시간과 열정이 연애가 아닌 다른 수로를 따라 흐르기를 바라고 있다.

오늘은 또 캐나다에서 온 노부부도 만났다. 함께 여행하는 노년의 커플은 정말이지 아름답다. 그들에게는 산만이 아니라 바다도 잘 어울릴 것 같다. 완만한 반복 속에서 서로의 시간은 섞여 함께 흘러간다. 열꽃처럼 타오르지는 않을지라도 결코 식지 않을 은근한 열기. 그것이 내가 사랑이라고 부르고 싶은 것에 더욱 가까울 것 같다. 노을, 축복, 부서진 돌조각, 헌신, 물줄기, 애틋함.

저들만큼 나이가 들어 여행길에서 만난 이에게 나의 사랑 이야기를 추억할 때 추하지도 훈계조처럼 되지도 않을 수 있을까. 그 눈빛은 그윽할까. 아니면 과거를 향한 아쉬움이 묻어 나올까. 그때도 여행을 떠날 수 있을까. 단단해지되 무뎌지지는 않으면 좋을 텐데.

숙소에 도착해서는 일찍 누웠다. 피곤하지만 풍요로운 기분이다. 오늘의 상상으로 나의 하루가 충족되었기 때문이다. 내가 잠에 들면 지구 반대편에서는 하루가 시작될 것이다. 그렇게 서로의 가능성에 충실하게 시간을 보내는 동안 나의 노년의 꿈은 이곳에서도 그곳에서도 조금씩 무르익어간다.

닷새

매일 묵는 곳이 바뀐다. 로지에 도착하자마자 짐도 풀기 전에 식사부터 주문한다. 시간이 제법 걸리니까. 밥이 나오는 동안 샤워를 하면 말끔하련만 그게 쉽지 않다. 추워서 옷을 벗으려면 결심이 필요한 데다 따뜻한 물로 샤워하려면 나무 두 그루가 필요하다는 이야기를 벌써 듣고 온 터다. 개중에는 낮에 비축해둔 태양열로 물을 데우는 곳도 있다. 상쾌함과 자연보호 그리고 추위를 두고 타협을 벌인 결과 샤워는 사흘에 한 번 꼴이다.

어디에 가나 메뉴는 벼, 감자, 밀 셋 중 하나로 만든 것뿐이라서 다소 단조롭다. 식사를 마치고 숙소로 들어가면 이 침대는 대체 언제 청소했을까 싶다. 침대 위에 침낭을 깔고 쏙 들어간다. 사실 침낭도 빌려온 데다 며칠

WELCOME TO

GREEN VIEW

LODGE
& Restaurant

GHOREPANI DEUPALI

GV

MOUNTAIN VIEW LODGE

단 하루만을 보내는 이방인들을 매일같이 품어내는 로지에는 어떤 시가 있을 것 같다.

째 그냥 쓰고 있어서 더럽기는 마찬가지나 사람 심리란 건 참 묘하다. 내 몸에 며칠 닿았다고 오늘 처음 본 침대보다 당연히 깨끗하다고 여긴다. 이건 집착의 시작일까, 애정의 첫 단계일까.

4시경에 로지에 도착해 저녁도 먹었으나 밤은 아직 길다. 바깥 공기는 너무 쌀쌀해서 돌아다닐 엄두가 나지 않는다. 산속에서 해는 빨리 떨어진다. 로지의 레스토랑에 머무는 수밖에 없다.

레스토랑 안을 둘러봐도 동양계 여행자는 없는 모양이다. 항상 손만 댔으나 제대로 읽어보지 못한 책을 이럴 때 보려고 챙겨왔다. 드디어 책장을 넘긴다. 그러다가 두서없이 떠오르는 생각들을 노트북에 옮겨놓는다. 이따금 옆에 앉은 사람과 대화가 시작된다. 대개 어디를 돌아다니다가 여기에 왔는지, 앞으로의 행선지는 어디인지로 말문을 연다. 그런 질의응답은 이곳에 올 때까지 서로 몇 번이나 해왔으니 대화는 기계적으로 이루어진다. 하지만 나는 온전히 나만의 시간을 갖고 싶다. 지금 노트북에 쓰고 싶은 표현들을 영어로 떠들 재간도 없단 말이다. 몇 번 오가던 의례적 물음들과 답변들이 끊기더라도 주위의 복작대는 소리로 시무룩한 분위기는 감추어진다. 로지에서는 카드 치는 사람들이 많다. 따뜻한 홍차를 홀짝거린다.

외롭다. 이런 밤이 며칠씩 계속되면 외로움에 가까워진다. 그러나 부드러운 혹은 충만한 외로움이다. 서울의 어느 술집에서 이렇게 혼자 있었다면 외로움의 질감은 달랐을 것이다. 내 기분과 주위 분위기가 대조되어 쓸쓸했을지 모른다. 그러나 이곳은 나그네들뿐이다. 다른 인생을 가진 개인들이 추위를 피해 한 순간 한 장소에 모였을 뿐이다. 서로 품고 있을 고립감이 홀로 느낄 고독감을 덜어준다. 혼자라는 느낌은 묘하게 희석되어 서로에게 이방인뿐인 이 공간 속으로 마음이 녹아들어간다.

서너 시간 그렇게 있으니 장작도 거의 다 꺼져간다. 콧물을 손으로 훔치는데 여기 내가 있구나, 새삼 깨닫는다. 여러 정체성과 관계는 서울에 두고 몸뚱이, 감정 덩어리, 하나의 정신으로서 여기 낯선 곳에 와서 다 식은 홍차를 마시고 있다. 나 자신으로 돌아왔다는 느낌을 받는다. 내게 하고 싶은 말들이 고인다. 자신과 잘 대면할 수 있는 곳은 집이나 직장이 아닐지도 모른다. 아주 낯선 곳일지 모른다.

잠을 청하려고 자리에서 일어난다. 안에 있다가 나오니 바깥 추위는 곱절처럼 느껴진다. 하늘의 별들은 모두 일등성이다. 숙소로 들어가 또 한번 침낭으로 들어간다. 랜턴을 끄면 시각의 세계는 멎고 방 안은 청각의 세계로 바뀐다. 몸을 뒤척이는 소리, 바람이 창을 때리는 소리, 나뭇가지가 서로 스치는 소리, 코가 막혀 거칠어진 내 숨소리. 화장실에 다녀오고 싶다. 하지만 침낭에서 나와 저 바람의 세계로 나서려면 수분 동안의 결의가 필요하다.

피곤하다. 침낭 속에서 태아처럼 웅크린다. 나를 조이던 나사들이 하나씩 풀린다. 내 온기가 나를 포근히 감싼다. 시간은 몸속으로 꿀처럼 흘러 들어 온다.

엿새

또 늦잠이다. 서울에서라면 스스로를 대견해했을 시간에 일어났는데도 가이드는 또 늦잠이냐고 웃음 섞인 핀잔이다. 오늘, 오르막은 가파르고 다리는 무겁다.

트래킹하는 동안 하는 일이란 사진 찍고 떠오르는 단상들을 메모하는 것뿐이다. 내 배낭을 포터에게 맡겨놓았기에 가능한 일이다. 가설만을 세워둔 어느 일본 사상가에 대한 글, 미뤄둔 번역 일, 떠나온 연구실 생활을 떠올리고 나의 상처들도 억압 없이 오랜만에 꺼내본다.

여행은 생각의 산파다. 반복적인 걸음은 내적인 대화로 들어가는 알맞은 리듬감을 형성한다. 오로지 해야 할 게 생각뿐이라면 정신은 그 일을 제대로 해내지 못하곤 한다. 몸은 책상 앞에 있지만 머리는 공회전하고 작업에는 진척이 없다. 그러나 정신 일부가 다른 곳을 향하고 한눈을 팔면 집중력은 흐트러지지만 동시에 사고의 관성도 멈춘다. 줄지어 선 나무들을 눈으로 좇고 있으면 기묘한 연상을 타고 착상과 표현들이 떠오른다. 그것은 순간이다. 달아나기 전에 메모를 해둬야 한다.

걷는 동안 어떤 관념만이 아니라 불안, 권태, 떠돌아다니는 슬픔 등의 감정도 관觀할 여유를 갖는다. 감정은 선입관, 신경 반응, 습꽵, 자기 교정, 과장의 뒤엉킴 속에서 일어난다. 시간도 뒤섞여 있다. 현재의 괴로움은 과거의 기억마저 자신의 나락으로 끌어들인다. 관하는 것은 어쩌다가 그런 감정의 형태로 응고되었는지 감정의 성분들을 확인하고 그것들의

일렁임과 뒤섞임의 양상을 바라보는 일이다. 혼자 힘으로는 버겁지만 시선을 훔쳐가는 바깥 풍경이 있으면 좀더 쉽게 이뤄진다. 감정의 서랍을 열어 서로 얽힌 응어리들을 다시 분류하고 정리해둔다.

이레

"50프랑이나 100프랑을 벌기 위해서 등산가의 미숙함이나 재난에 목숨을 걸어야 하는 안내인들을 고용하는 것은 비윤리적이다." 역시 지멜의 말이다. 비윤리적이다……

오늘 가이드와 포터에게 술을 샀다. 뜨거운 물에 럼주를 타서 마시니 몸에서 온기가 돈다. 학부 시절 겨울에 바깥은 추우니까 자판기 커피를 뽑아 거기에 소주를 타서 마시곤 했다. 영국에서도 커피에 술을 섞어 마신다며, 거기에 담배 한 모금이 더해지면 그게 바로 낙NAC(nicotine+alcohol+caffeine)이라고 청승맞은 소리를 했는데, 그때 그 맛이다.

가이드에게 나는 까다로운 트래커일 것이다. 딴청을 너무 부린다. 아무 때나 멈춰 서서 사진을 찍고, 가다가 다른 사람 만나서 해찰하고 메모하느라 또 멈춰 서고. 그렇게 며칠을 지내다 보니 이제 알아서 오라는 듯 먼저 간다. 오늘은 그간의 신세를 조금이나마 갚는 날이다. 안주로는 피자와 감자 스낵을 골랐다.

궁금하던 게 있다. 그를 셰르파라고 부른 적이 있는데, 자신은 셰르파

가 아니라 가이드라고 힘주어 말했다. 뭔가 미묘한 사정이라도 있는가 싶어 더는 묻지 않고 묻어두었는데 지금이 기회다. 나는 셰르파가 가이드의 다른 이름인 줄 알았다. 그가 말하기를 셰르파는 카스트의 하나다. 네팔에는 지역과 종교에 따라 여러 카스트가 있는데, 셰르파는 주로 에베레스트의 고원지대에서 살아가는 불교도들이다. 그들이 1950년대부터 가이드로서 각국 원정대의 고산 등반에 큰 활약을 했기에 가이드와 셰르파라는 말이 혼용되었다. 나의 가이드는 타망이라는 카스트에 속한다.

그는 서른세 살이다. 스무 살에 가이드를 시작해 13년째다. 마흔이 넘으면 이 일을 하기가 어렵다고 한다. 그때까지 돈이 모이면 카트만두에서 사업을 하거나 택시 운전을 하고 싶단다. 택시를 장만하려면 얼마가 필요하냐고 물었더니 9,000달러라고 한다. 지금껏 겪어온 네팔의 물가를 감안하건대 너무 큰 액수였다. 그래서 벌이가 어떤지 조금 자세히 알고 싶었다.

카트만두에서 가이드를 고용했을 때 여행사는 내가 지급한 전체 경비 가운데 가이드에게 매일 15달러를 준다고 설명했다. 하지만 사실과 달랐다. 여행사가 가져가는 것을 제하면 가이드의 몫은 하루 10달러에 불과하다. 포터는 더욱 열악해 8달러다. 그나마 그 안에서 트래킹을 하는 동안 먹고 자는 경비를 부담해야 한다. 가이드가 먹는 달밧은 대략 200루피로 2달러가 넘는다. 다만 트래커가 그 레스토랑에서 끼니를 때우면 20퍼센트 정도 저렴해진다. 하루 숙박하는 비용도 200루피 정도. 마찬가지로 트래커가 같이 오면 반값이 된다. 그렇게 먹고 자는 비용을 제하면 하루에 보통 400루피를 번다는데 5달러에 불과한 금액이다. 거의 쉬지 않고 일하면 한 달에 8,000루피, 여느 노동자들의 평균임금보다는 조금 많다고 한다. 가이드는 나와 함께 안나푸르나로 오기 이틀 전에 히말라야를 다녀왔으며, 하산하는 대로 하루를 쉬고 다시 히말라야로 떠날 예정이었다. 그렇게 번 돈 가운데 1,500루피를 월세로 쓰고 나머지는 고향의 가족에게 보낸다. 그나마 우기와 겨울에는 가이드 일을 할 수 없다. 대신 그때가 1년 중 가족과 함께 보내는 시간이다.

그는 어림잡아 안나푸르나에 50번도 넘게 올랐다고 한다. 매번 열흘 가까이 머물렀을 테니 안나푸르나에서 보낸 날들만 1년이 넘을 것이다. 술은 두 병째 비워간다. 그러면 반복 아니냐고, 아무리 아름다운 곳이라도 그렇게 자주 오면 지겹지 않으냐고 물었다. 도시에서 일하는 것보다는 낫지만 사실 몸도 고단하고 그다지 즐거운 직업은 아니라고 그가 답했다.

여드레

소형 배낭, 슬리퍼, 침낭, 비옷, 윈드 재킷, 티셔츠, 바지, 속옷, 랜턴, 등산 양말, 수통, 모기향, 손톱깎기, 책, 가이드북, 트래킹 지도, 노트북, 외장하드, 선크림, 로션, 수건, 치약, 칫솔, 비누, 자명종, 자물쇠, 상비약, 과일, 초코바. 내 60리터 배낭에는 한 살림이 들어 있다. 꼭 필요한 게 아닌 것은 포카라에 두고 왔지만 12킬로그램은 족히 나간다. 하지만 로지에 도착

안나푸르나 베이스캠프에 도착하니 포터들의 내기 배구가 한창이었다. 히말라야의 마낙길이 되고 싶어 끼어들었지만, 체력이 금세 바닥나 볼보이 신세로 전락했다. 30분 동안의 경기 끝에 시합에서 이겨 5루피를 땄지만 갈증이 나서 마신 콜라가 200루피였다.

할 때까지 배낭은 내 등 위에 있지 않다. 아침에 숙소에서 나오면 카메라와 렌즈 그리고 메모장만 챙기고 내 배낭을 포터의 가벼운 가방과 맞바꾼다.

그는 배낭을 멜 때 배낭과 이어놓은 끈을 이마로 가져가 배낭 무게를 등과 머리로 분산시킨다. 그렇게 배낭을 지면 오르막길에서 고개를 들 수 없다. 그가 이 산을 몇 번이나 올랐는지는 알지 못한다. 그러나 느긋하게 산세를 감상한 시간은 그리 많지 않을지 모른다. 나의 포터는 가이드보다 체구가 왜소하다. 가이드가 포터의 짐을 나눠 들 법도 한데, 둘 사이에는 위계관계가 분명해 가이드는 포터의 일을 거들어주지 않는다.

나의 포터는 힌두교 신자이며 네오파니라는 낮은 계급에 속한다. 하지만 둘 사이의 위계관계는 신분에서 비롯되는 게 아니다. 영어 능력에 달렸다. 포터는 영어를 못한다. 가이드를 통하지 않고서는 그와 이야기를 나눠본 적이 없다. 돈은 트래커가 지급하고 트래커와 의사소통이 안 된다는 이유로 포터는 무거운 짐을 홀로 나르고도 가이드보다 적은 돈을 받아간다.

여행은 타인의 수고를 사서 이뤄지게 마련이지만, 포터를 고용한 일은 인간의 노동력을 사들인 대단히 직접적인 경험이다. 트래킹은 아침 8~9시에 시작되어 오후 4~5시에야 로지에 도착하니 하루 7~8시간을 걷는 셈이다. 포터는 짧지 않은 그 길조차 지그재그로 걷는다. 다리를 들어 올리는 움직임을 최소화하기 위해서일 것이다. 얌체 같은 트래커들은 여러 명이 한 명의 포터를 고용해 수십 킬로그램의 짐을 맡긴다. 짐이 집채만 하다고 표현하면 비유지만, 그 짐을 옮기는 포터만 하다고 표현하는 건 비유가 아니다. 그래도 포터는 마찬가지로 하루에 정해진 8달러를 가져갈 뿐이다. 물론 여러 명의 짐을 운반하면 트래킹이 끝난 후 받는 팁이 늘어날 수도 있다. 하지만 불확실한 팁 때문에 트래커의 무리한 요구에도 싫은 소리를 할 수가 없다. 그리고 이미 여행사에 목돈을 치른 트래커들은 산에서 내려오면 인색해지기 십상이다.

나의 포터는 이따금 바위에 걸터앉아 담배를 태운다. 그가 하늘을 보는 시간이다. 가이드 없이 우리 둘만 남으면 되는 대로 표정과 눈빛을 교환한다. 로지에 도착하면 그는 다른 포터들과 카드를 친다. 그때 그의 말에는 활기가 돈다. 나는 알아들을 수 없는 언어다. 혹시 내가 오늘 미끄러진 걸 두고 농담하는지도 모른다. 그들의 세계를 잠시 엿본 것 가지고는 포터의 삶에 대해 함부로 말을 풀 수 없다.

아흐레

빠른 스텝에 취해버린 나를 멈춰 세우고 너의 단정한 모습으로 나를 위로하라. 그보다 먼저 고독의 시간을 달라.

지멜이라면 또 비꼬았을 파우스트적 소망을 품고 안나푸르나를 찾았다. 이제 떠난다. 아직 산을 벗어나진 않았지만 안나푸르나 베이스캠프에 도착하고 거기를 반환점으로 삼은 때부터 그동안 떨어져 있던 생활의 맥락들이 되돌아온다. 〈슈퍼맨〉에 나오는 쇠붙이를 몸으로 끌어모으는 어느 악당처럼 근심거리도 돌아온다. 급하게 마감할 원고, 내년에 시작하기로 한 프로젝트, 이렇게 뛰쳐나오느라 잘렸을지도 모르는 논술 강의 일.

여행은 공간을 옮기는 일이나 시간을 바꾸는 것이기도 하다. 여행에 나섰다고 신체 상태가 변하는 건 공간이 아니라 시간이 바뀌었기 때문이다. 진학 준비, 자격 취득, 승진, 주택 융자, 적립예금, 노후연금, 시급 등 삶을 죄어오는 시간의 형식들에서 벗어났기 때문이다. 도시 생활자에게 시간은 그 사람 바깥으로 외재화되어 바깥에서부터 그 사람을 조금씩 갉아먹는다.

서른까지 지내온 모양새를 보니 앞으로도 돈을 벌고 가족을 꾸리겠고 저 시간의 형식들에 매일 것 같지는 않다. 그러나 내 안에 나를 짓누르는 시계가 있다. 시간에 대해서만큼은 나는 정말이지 이기적이다. 시간은 불가역적인 데다가 늘 부족하다고 느껴진다. 자본가가 단위시간의 채산성을 높이려고 분주하듯 나 역시 시간의 밀도를 높이고자 시간과 경쟁한다.

잠들기 전, 하루가 품는 절박함이 이 정도였나 가끔 의심스러워진다. 그러면 시간이 내 안으로 스며들지 못한 채 맞서야 할 대상처럼 바깥에 서서 버틴다. 똑딱똑딱. 불안하다. 거기에 존재의 축소감마저 더해지면 잠을 이루지 못한다.

공허한 지속을 벗어나려는 무망한 노력에도 고통스러운 시간은 끝없이 이어진다. 손으로 시간을 세어보지만 손에서 새어 나간다. 오늘은 이렇게 그만 마무리하고 내일의 힘을 비축하려고 불을 꺼보았자 생각의 꼭지를 잠글 수 없다. 밤이라는 치유의 시간은 속절없이 낭비된다. 신경에 거슬려 똑딱 시계의 건전지도 빼두었지만 내 짧은 삶의 시간을 비웃는 광년의 조소가 들려온다. 숨은 거칠어지고 잠들지 못하는 밤은 지속된다. 이러다가 아침을 맞을까봐 두렵다.

그런 밤에 여행을 떠올리면 조금은 위안을 얻는다. 여행이 그저 일탈이어서가 아니라 이처럼 부담을 안기는 시간의 반대 형상을 지녀서다. 여행의 시간은 신축적이다. 딱딱하지 않고 늘어나거나 줄거나 한다. 충만하며 빛깔이 살아 있고 내게 밀착되어 있다. 이렇게 시간에 시달려서야 나는 천생 여행 생활자나 방랑자가 될 수 없다. 다만 상상 속에서 이 버거운 시간을 여행의 시간으로 옮겨놓는다. 지금 시간을 좀더 촘촘하게 사용해 그만큼 나중에 여행할 시간을 늘린다고 상상하면 숨통이 트이고 버틸 만하다. 결국 나는 지멜이 말하는 현대인, 도시인이 맞다. 서울의 시간에서 일부를 저축해 여행을 떠난다. 마흔이 되면 이렇게 보내왔던 나의 30대에 어떻게 선물을 줄까? 그때는 어디로 갈까? 그 상상만으로도 나는 지금 위로를 받는다.

7

리시케시,
동양과 서양 혹은 서양 속의 동양

뒷좌석의 여덟 명

"리시케시요? 거긴 가봐야 쉬기는 좋지만 볼 건 없어요."

그 말이 내겐 가봐야 할 충분한 이유가 되었다. 슬슬 인도로 돌아갈 참이었다. 더구나 안나푸르나에서 내려온 후라서 쉴 수 있는 곳이라면 가릴 이유가 없었다. 네팔 비자를 길게 받아놓았기 때문에 포카라에서 당분간 눌러 지낼 수도 있었지만 짐을 쌌다. 이번 여행은 인도 여행이 맞다. 돌아갈 때가 되었다.

리시케시에 가려고 일단 하르드와르행 버스에 올랐다. 불안한 예감은 또 빗나가지 않는다. 티켓에 적힌 좌석 번호는 무용지물이었다. 장거리 버스이니 이번에는 중간 좌석에 앉으려고 여행사 직원에게 좌석 번호를 분명히 받아놓았지만, 버스에 오르니 좌석에는 아예 번호가 달려 있지 않았다. 하필 좌석 간 거리가 가장 짧은 뒷좌석으로 밀려났다. 별로 길지도 않은 다리지만 접어도 반듯하게 들어가지 않는다. 또 시작되었구나. 이번에는 열다섯 시간짜리 압슬형이다.

5인 좌석에 여덟 명이 끼어 타니 어깨가 결린다. 트래킹을 할 때는 그랬다. 안나푸르나 베이스캠프에 다가갈수록 체력이 부쳐 발은 어떻게든 땅에서 떼어 앞으로 옮겨놓았지만 생각은 내려놓고 다녔다. 장거리 밤 버스에서는 반대였다. 바퀴는 알아서 굴러가지만 나는 사람들 사이에 꼭 끼어 할 수 있는 게 생각밖에 없다. 밤이 깊어 바깥 풍경은 어둠이 삼켜버렸다. 우리는 모두 잠들고 싶다. 뒷좌석에 붙어 앉은 여덟 명. 이 시간이 또 시작되었다.

왼쪽 남자는 내 어깨의 편한 맛을 알아버렸다. 내가 어떻게 밀쳐내도 왼쪽 남자는 자신의 흔들리는 머리를 집요하게 내 어깨 위로 착지시킨다. 그 끈기에 나도 어깨를 내준다. 암묵의 약속이 맺어진 것이겠지. 내 왼쪽 어깨를 내어주었으니 나는 오른쪽 사내의 왼쪽 어깨를 탐한다. 그렇게 모두 남의 왼쪽 어깨에서 안식을 구한다. 눈을 붙일 수 있는 평온한 시간이 찾아온다.

그러나 잠시뿐이다. 오른쪽 남자가 묵계를 깬다. 조금이라도 자리를 넓히려고 자꾸 몸을 들썩인다. 네 옆의 아마도 여자 친구를 위해 애쓰는 마음이야 이해하겠지만 그러지 마라. 5인 좌석에 여덟 명이지 않은가. 네가 움직이면 내 왼쪽 어깨에서 잠든 왼쪽 남자도 깬단다. 결국 순간의 평온은 깨졌다. 한동안 우리의 머리는 버스의 움직임에 맞춰 허공에 기이한 그림을 그린다. 몽롱한 가운데 잠을 청하기를 반복한다. 이번에는 왼쪽 남자에게 머리를 누인다. 오른쪽 남자의 머리 냄새에 내 것을 섞어 왼쪽 사내에게 옮겨준다.

어딘가 휴게소에 도착한 모양이지만 만원 버스 제일 뒷좌석의 우리 여덟은 나갈 엄두를 내지 못한다. 움직일 수도, 몽롱한데 잠들 수도 없는 상황에서 떠오르는 생각들이란 정말이지 맥락 없고 피곤한 것들이다. 할 것도 볼 것도 없는 버스 안에서 들쑥날쑥하는 생각들을 달래려 소리라도 세어본다. 코고는 소리, 엔진 소리, 바람 소리, 멀리서 개 짖는 소리. 생활하는 자들의 소리, 여행하는 자들의 소리.

대중적 열반

갠지스의 지류는 여기 리시케시에 다다른다. 아니 정확히 말해 갠지스가 리시케시를 낳는다. 갠지스는 히말라야 빙하 아래서 솟아나온 물이 지류를 모아 골짜기를 달리고 산을 떠나 평야로 흘러나온 것이다. 그런데 히말라야의 수원은 시바신의 머리카락을 타고 지상으로 떨어진 물이라고 한다. 그렇다면 대체 시바신은 얼마나 클까. 신의 크기를 가지고서 말을 지어내려면 이 정도는 되어야 한다. 리시케시는 시바의 영성이 전해오는 땅이다.

그리하여 리시케시는 힌두교 성지로 유명하다. 겨울에는 히말라야의 사두가 동안거를 하러 내려와 더욱 많은 인파로 북적인다. 또한 리시케시는 요가의 본고장이다. 많은 여행자들은 리시케시를 찾아 명상법, 체위법, 호흡법을 배운다. 이곳이 힌두교의 성지일 뿐만 아니라 세계적 여행지로 발돋움한 것은 30~40년 전의 일이다. 1960년대 유럽과 미국 등지에서는 반전·반문화 운동이 고조되고 히피 현상이 태동했다. 히피들은 사회적으로는 표준화된 조직 체계, 경쟁적인 물질문화에 염증을 느꼈다. 정치적으로는 국가의 동원 체제, 군대의 폭력성에 저항하고 베트남 전쟁에 반대하며 자유를 내세웠다. 철학적으로는 과학적 합리주의를 거부했으며, 명상, 때로는 마약을 통해 새로운 각성의 길을 탐색하기도 했다.

물론 이런 진술은 히피들을 단순화하거나 이상화할 소지가 있지만, 아무튼 그들은 이동하는 존재였다. 히피들은 근대 부르주아적 생활양식에

반기를 들었다. 그들에게 여행은 삶의 일부 이상이었으며, 그들은 길 위에 집을 지었다. 그리고 멀리 대중적인 열반을 구해 인도 등 아시아 나라들로 몰려들기 시작한 것도 이 무렵이다. 이 시기에는 『역경』, 『도덕경』, 『바가바드기타』, 『티베트 사자의 서』와 같은 책이 미국과 서유럽의 서점에 진열되었다.

리시케시 역시 히피의 시대에 여행지로 각광받았다. 신비와 영성의 땅으로 추앙되어 서양 여행자의 발길이 자주 머물렀다. 반전·반문화 운동이 실패로 돌아가자 유토피아적 열기는 가라앉고, 혁명적 열정은 정치적 실용주의에 자리를 양보했지만, 그리하여 오히려 내면의 탐구로 눈을 돌리던 때도 리시케시는 신천지처럼 여겨졌다. 더욱이 비틀스가 요기인 마하리시 마헤쉬에 반해 이곳에 머물며 요가와 명상을 배운 사실이 알려지자 리시케시는 더욱 유명세를 탔다.

내가 일부만을 복사해서 가지고 나온 가이드북에는 이렇게 적혀 있다. "비트루즈가 도를 닦던 히말라야 산중의 성지 같은 인상이지만 실제로는 그 정도로 깊은 산속이 아니며 우뚝 솟은 설산이 보이는 곳도 아니다." 비트루즈라고 표기된 까닭은 급하게 일본어 가이드북을 베낀 탓이리라. 이곳에서 일본인 여행자를 자주 마주치는 이유는 간단하다. 내게 있는 가이드북은 일본의 가이드북을 번역한 것이거나, 일본 가이드북의 동선을 취해 제작된 것이기 때문이다. 오래전 리시케시를 성지로 만든 것은 갠지스이지만, 오늘날 리시케시를 관광지로 만든 것은 가이드북인지도 모른다.

여행의 신비주의

서양의 여행자들은 인도의 고아나 네팔의 포카라, 타이의 방콕, 라오스의 루앙프라방 등지도 자주 찾는다. 하지만 리시케시의 의미는 조금 다르다. 여행자들 가운데는 낯선 장소에서 신비를 구하고 영적 깨달음을 찾는 이들이 있다. 신비주의는 여행의 아주 오래된 전통이다. 안식처에서 자신의 삶을 수놓는 소유물에서 벗어나 황야와 정글로 떠나기도 한다. 그곳에서 육체의 고단함을 동반하는 정신의 여정을 갈구한다. 때로는 내면의 의미를 탐색하고자 타문화의 성지를 찾는다. 그러나 내면의 고양을 추구하는 여정이 편안하고 근심을 덜어주는 것만은 아니다. 그곳에는 낯선 고달픔이 기다리고 있을지 모른다. 관습과 안락에서 벗어나 다른 현재 속에서 자신을 마주해야 하는 것이다.

리시케시에는 사두들이 떠돈다. 온몸에 재를 바르고 천 조각 하나만 걸친 사두가 속세 속에서 공존한다. 영성이 그들을 감도는 것 같다. 그들의 걸음은 순례로 보인다. 사실 그들이 모두 순례자인지는 알 수 없다. 속물이나 괴인, 비렁뱅이인지 모른다. 그러나 이곳은 리시케시이기 때문에 여행자들의 눈에는 그들이 속세 속에서 신성을 간직한 인물처럼 보인다. 그리고 이곳에서는 여행자들의 복장도 바뀐다.

리시케시에 도착한 날은 디왈리 축제 기간이었다. 디왈리 축제는 등명제燈明祭다. 밤새 불꽃놀이가 화려했다. 이곳저곳 가리지 않고 불꽃을 쏘아대는 통에 잠들 수 없을 지경이었다. 생각해보면 리시케시까지 오는 동안

거쳐 온 도시에서는 아무튼 뭔가 축제가 있었다. 힌두의 신이 좀 많은가. 딱히 축제가 아니더라도 리시케시에서는 밤마다 힌두 의식인 아르티 푸자가 열린다. 해질녘이 가까워오면 람 줄라 건너편의 아쉬람에서는 아르티 푸자를 준비하는 악기 소리가 울린다. 석양을 마주한 강가에서는 코브라 항로를 든 브라만 사제가 푸자 의식을 집전한다. 그 맞은편에는 거대한 시바상이 가부좌를 틀고 있다.

소위 서양인이 이처럼 이국적이며 이계적인 이곳에 발을 들이기 시작한 지는 30년이 되었다. 여행의 새 길을 개척하는 자들은 늘 소수였다. 그 걸음은 느리고 더뎠다. 그러나 도로가 깔리고 관광산업이 자리잡자 여행객들은 무서운 속도로 쳐들어왔다. 그 길을 따라 나처럼 영성에 그다지 관심 없는 사람도 리시케시로 발을 들여놓는다.

신의 퇴장 이후

영성에는 그다지 관심이 없지만, 영성을 대하는 인간의 태도에는 관심이 있다. 바라나시에서 네팔로 넘어가며 미뤄두었던 문제를 꺼내야겠다. 바라나시에서는 신의 기능까지를 사고했다. 이제는 그다음이다.

소위 서양에서 신은 벌써 죽었다. 십자가 위에서 죽고 니체에 의해 죽었다. 그리고 최후에는 무관심 속에서 사라졌다. 신이 무대에서 퇴장했다는 사실은 복음이기도 했고 저주이기도 했다. 인간은 이제 후견인 없이 자

기 발로 세상에 서야 한다. 그러나 신이 떠나자 어수선한 일상은 거대한 무게로 인간을 짓누른다. 신은 만상을 창조하고 질서를 부여하고 지속하게 했으며, 무로 돌아가는 것을 막아주었다. 신은 만물의 시간을 설계하고 구원을 약속했다. 메시아니즘의 새벽에 눈물의 계곡은 장미의 계곡으로 화할 것이다. 신은 아주 오랫동안 인간을 허무로부터 구제해주었다.

그러나 신은 사라졌다. 신이 떠난 하늘은 낮고 무겁게 내려앉았다. 초월적 가치들은 지상으로 하강해 수평적으로 납작해졌다. 가치의 회색 지대가 펼쳐졌다. 인간은 자신의 피조물인 절대자를 잃자 상대적으로 초라해지고 가냘퍼지고 무상해졌다. 자유는 얻었지만 난쟁이처럼 작아졌다. 이제 시간은 자유를 구가하여 진보의 도정으로 나서는 계기가 되지만, 한편으로는 앞이 보이지 않는 안개처럼 불투명해진다. 구원의 실재성을 떠받쳐온 공동 세계가 붕괴되자 시간도 흩어진다. 저 두 개의 시간은 신의 죽음 이후에 길항했다.

신이라는 속박에서 벗어났건만 방향을 상실한 인간은 현기증을 느낀다. 인간은 고뇌한다. 고뇌란 자유를 걸머진 존엄한 존재의 몫이다. 고뇌는 문화를 낳는다. 그러나 고뇌는 괴롭다. 초월적이거나 무시무시한 현존 앞에서라면 인간은 두려움을 느낀다. 칠흑 같은 어둠 속을 걸어갈 때 공포스러운 까닭은 낯선 존재의 출현을 예감하기 때문이다. 마음을 가라앉히려고 노래를 부르면 자기가 지어낸 노랫말이 어떤 존재감이 되어 두려움을 재촉한다. 그러나 노래를 멈출 수도 없다. 적막은 더욱 두렵고, 그나마 그 노래가 자신을 낯선 존재로부터 지켜주는 보호막처럼 느껴지기 때문이다.

그러나 부재와 마주하는 인간은 공포가 아니라 고뇌를 느낀다. 파스칼은 이렇게 말한 적이 있다. "무한한 공간의 침묵이 나를 두렵게 만든다." 파스칼의 두려움은 사실 대상에 대한 공포가 아니라 공허에서 생겨나는 고뇌다. 무한과 침묵은 고뇌를 안긴다. 신이 떠나고 남은 텅 빈 무한과 더 이상 영원의 소리를 기대할 수 없는 침묵은 고통스럽다. 영원한 신이 떠나자 인간은 확실성에 끝없는 허기를 느껴야 하는 영원한 저주에 시달리게 되었다.

신이 함께하던 시대에 삶이란 깨어날 잠이었다. 죽음은 피조물의 만료일이며 유한한 것의 숙명이다. 그러나 선택받은 피조물은 죽음을 거쳐 육체를 떠나 해방을 맞이한다. 따라서 죽음은 공허의 심연이 아니며 의미로 충만할 수 있었다. 하지만 신이 죽자 인간의 죽음도 내세를 약속받지 못한다. 신이라는 공동 환상의 세계가 해체되자 인간은 존재의 허무를 짊어지고 살아가게 되었다. 파스칼은 이렇게도 말한 적이 있다. "매 순간 우리를 위협하는 죽음은 머지않아 우리를 절멸시키거나 불행할 수밖에 없는 무서운 필연성 속으로 내던져버릴 것이다."

중국 오리엔탈리즘

파스칼은 17세기의 인물이다. 당시는 자신들의 정신적 허기를 메우려고 유럽인들이 동양을 향한 관심을 고조해가던 시기였다. 계몽주의 시대와 빅토리아 시대에 먼저 시선에 들어온 대상은 중국이었다. 당시 중국의 철학과 통치 체제는 유럽인들이 지닌 진보의 신념과 합리주의적 이상에 부합했다. 인도는 19세기 말에야 주목을 받았다. 19세기 말은 근대사회로 급속하게 전환되면서 전통적 세계관이 상대화되고, 기성의 신념과 가치가 도전받던 시기였다. 문화적·사회적 변화의 와중에 불확실성, 아노미, 소외로 표현되는 상실감과 당혹감이 팽배해갔다. 그리하여 지식계의 일부는 매혹적인 타락과 퇴폐의 관념으로 조금씩 물들었고, 이국적인 사상의 바다를 탐험하려는 자들이 인도로 향했다.

다시 차분하게 중국의 경우부터 살펴본다면, 마테오 리치의 중국 선교를 거론해야 할 것이다. 1582년 그는 예수회의 지시로 마카오에 도착해 중국어와 한문을 배웠으며, 1601년에는 베이징에서 신종 황제를 만나 황제의 호의로 선무문宣武門 안에 천주당을 세워도 좋다는 허가를 받았다. 그리하여 1605년 천주당을 세우고 200여 명의 신도를 얻어 비로소 천주교라는 이름을 붙였다. 그러나 그는 선교사로 중국에 왔지만 중국이 유럽 문명보다 장구한 역사를 가졌다고 실감했다. 중국인들은 기독교의 세계만큼 혹은 그 이상으로 복잡하고 정교한 정신과 신념의 체계를 마련해두었던 것이다.

계몽주의 시대에 이르자 중국은 유럽에서 여러 지성의 관심사가 되었다. 합리주의 사상가들은 중국의 전통을 연구 대상으로 삼아 계몽주의적 이성 개념을 뒷받침하기도 했다. 계몽주의 시대에 그렇게 중국을 탐구한 사상가로는 몽테뉴, 라이프니츠, 말브랑슈, 볼테르, 몽테스키외, 디드로처럼 기라성 같은 이름을 거론할 수 있다. 그들은 중국의 철학, 통치 체제, 교육 체계에 매료되었다. 중국은 유럽의 정신세계와 사회제도를 검증하는 거울이었다.

특히 라이프니츠는 중국의 종교와 언어에 관심을 기울였다. 그는 모나드론을 주창한 바 있다. 간단히 말해 모나드는 외부와의 상호작용 없이 움직이지만, 그것들 사이에 함수적 대응이 발생한다는 일종의 예정조화설이다. 그는 중국의 자연종교에서는 상반된 속성을 지닌 대상들이 상호 보완하며 보편적 조화를 이룬다고 이해했으며, 자신의 모나드론과 중국의 형이상학 사이에는 긴밀한 유사성이 있다고 생각했다. 그리고 이진법 개념을 『주역』에서 따오기도 했다.

또한 라이프니츠는 보편 언어를 탐구할 때도 중국을 주목했다. 그는 회의주의를 불식하고 학문을 발전시키기 위해 종파와 국가를 초월한 '인간 언어'lingua humana를 발견하려고 매진했다. 나아가 '인간 언어'는 신이 인류에게 준 '혀'에 상응할 테니 진정한 창조의 비밀을 파헤칠 수 있는 연구 주제이기도 했다. 그는 중국의 상형문자가 유럽의 추상적인 알파벳보다 오래되었고 자연에 가깝다고 주장했다. 바벨탑 이전의 언어는 히브리어가 아닌 중국어라는 학설을 내놓아 파문을 일으키기도 했다. 물론 이처럼 인류의 기원을 중국(동양)에서 찾으려는 시도는 오리엔탈리즘적이지만, 계몽주의 사상가들에게 중국은 그 이상의 탐구 대상이었다.

그러나 18세기 후반에 이르자 중국에 대한 인식은 크게 바뀌었다. 이 시기는 중국의 철학이 아닌 중국의 정치나 문화를 향한 비판이 거세졌다. 이것은 유럽과 중국의 힘 관계가 달라졌다는 반증이기도 했다. 독일의 비평가 프리드리히 그림은 중국의 정치 체제는 공포에 기댄 폭정이라고 비난했다. 루소의 비판은 더욱 가혹했다. 그는 유럽은 유럽 바깥에서 '고상한 야만'을 배워 와야 한다고 주장했으나, 중국인은 유럽인보다 더 인공적이고 비자연적인 삶을 살아간다고 비난했다. 『신엘로이즈』에서 루소는 중국을 야만의 자연성과 대비되는, 쇠퇴하는 문명의 사례로 규정하며 "중국인이 짓지 않은 죄악이 없고, 중국인이 범하지 않은 범죄가 없다"고 단언했다.

인도 열풍

19세기 유럽에서 중국은 진지한 철학적 관심에서 밀려나 부패하고 경멸해 마땅한 세계로 비쳐지고, 인종주의적 생색의 대상이 되었다. 한때 신선하고 자극적이었던 중국의 문화는 진보하는 유럽에 비하건대 활기가 돌지 않는 마비 상태로 여겨졌다. 그리하여 중국 애호가들은 새로운 동양 열광주의에 자리를 양보하게 된다. 바로 인도였다. 계몽주의 철학자들이 중국을 예찬했다면, 19세기 낭만주의자들은 인도에서 영감을 얻었다.

마테오 리치는 중국으로 포교 활동을 나서기 전에 인도에 들어와 고아와 코친 등지에서 포교 활동을 한 적이 있다. 인도는 17세기에 예수회 선교사들의 보고서를 통해 처음 계몽주의 철학자들에게 소개되었다. 그러나 계몽주의 철학자들은 얼토당토않은 신화나 만연한 다신교, 그리고 무절제하고 방종한 제례 의식을 비난했다. 칸트는 인도를 "수많은 미신적 사물로 불순해진" 썩어가는 문명이라고 표현한 바 있다. 그리고 유럽의 여러 작가는 순사殉死와 같은 관습을 비난하며 도덕적 우월감을 만끽했다. 고상하게는 인도의 도덕적 정적주의靜寂主義와 무를 향한 갈망이 이성의 빛을 가로막고 있다는 비판도 나왔다. 자연히 인도의 신비주의적 경향은 계몽주의자의 취향에 맞지 않았다.

대신 이성, 논리, 합리성에 이의를 제기하고 회의를 느끼던 낭만주의자들이 인도의 신비주의와 밀교주의에 매료되었다. 한때 계몽철학자들이 현자가 통치하는 중국의 유교 정치에 자신들의 이상을 투사했듯이 낭만주의자들은 인도에 보다 조화롭고 고양된 문화와 예술의 관념을 투사했다. 중국에 대한 오리엔탈리즘이 철학적이고 정치적인 필요에서 나왔다면, 인도를 향한 오리엔탈리즘은 조화를 상실한 시대에 철학적이며 예술적인 통합을 지향하며 등장했다. 합리주의자들은 존재의 뿌리인 영성에서 냉정하게 등을 돌렸다. 낭만주의자들은 합리주의자들의 차가운 숨결을 피해 인도에서 따스함을 맛보았다. 중국이 정치의 유토피아였다면, 인도는 예술의 고향이었다.

특히 쇼펜하우어는 인도에 대해 찬사 일색이었다. 『의지와 표상으로서의 세계』를 출간하기 전에 그는 "세상에서 할 수 있는 가장 유익하고 고상한 독서다. 그것은 내 삶의 위안이고, 내 죽음의 위안이 될 것이다"라고

TEPS OF THE BUDDHA

D
H
TE
UDS

HANH

The NEW YORK TIMES Bestseller

THE ART OF
power

Thich Nhat Hanh

National Bestselling Author of PEACE IS EVERY STEP

"Thich Nhat Hanh shows us the connection between personal, inner peace, and peace on earth." —His Holiness the Dalai Lama

The International Bestseller

HH DALAI LAMA
& HOWARD C. CUTLER

The Art of
Happiness

A HANDBOOK FOR LIVING

AN OPEN HE
THE DALAI LA

BE AS YOU ARE
THE TEACHINGS OF
SRI RAMANA
MAHARSHI
EDITED BY DAVID GODMAN

gala

Kriya Series of the Sanskrit Classics, Publisher

Mahamuni Babaji's
The
ORIGINAL KRIYA

By Swami Satyeswarananda Vidyaratna Maharaj

Happine
and
The Art of

A layman's introduc
the philosophy and p
the spiritual teachi
Bhagavan Sri R

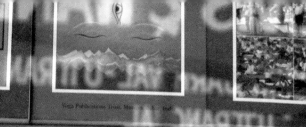

Yoga Publications Trust, Mun...

BY STATE GOVT. OF UTTRANC...

Foreword by RICHARD GERE

Photograph by Michael Keegan

OCEAN OF WISDOM

THE
DALAI LAMA

JAICO

The Essence of
RUMI
JOHN BALDOCK

DEEPAK CHOPRA

BUDDHA

A Story of Enlightenment

FACE TO FACE WITH
SRI RAMANA MAHARSHI

(Enchanting and Uplifting Reminiscences of 160 persons)

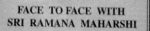

Sri Ramana Kendram, Hyderabad

TALKS
with Sri Ramana Maharshi

Day by D...
With Bhagavan

할 만큼 『우파니샤드』에 매료되었으며, 인도를 "가장 고대적이며 원시적인 지혜의 땅, 유럽인들의 혈통을 추적할 수 있는 장소, 무수한 방식으로 유럽인들에게 결정적 영향을 안긴 전통의 땅"이라고 묘사했다. 그는 기독교는 인도인의 피를 가지고 있다며 기독교를 유대주의에서 분리해내 브라만주의와 불교의 동렬에 놓았으며 "기독교는 아시아 전체가 이미 오래전에 더 잘 알고 있던 것을 가르쳤을 뿐이다"라고 주장했다.

이중성의 조화

쇼펜하우어는 초기에는 우파니샤드 철학에 심취하고, 이후에는 힌두교, 후기에는 불교와 접촉했다. 우파니샤드 철학은 개별적인 사물들은 궁극적으로 하나라고 가르친다. 아트만과 브라만으로 대표되는 힌두교의 자아 관념은 다원적 세계라는 환상이며, 개체의 영혼은 더 크고 포괄적인 실체의 한 양상이라고 말한다. 불교는 모든 감각적 존재는 연기緣起 속에서 서로 공감할 수 있다고 설파한다. 그리하여 정언명령에 기반한 칸트의 도덕철학과 달리 쇼펜하우어는 도덕성의 원천을 본질적 일원론에 근거한 공감 능력에서 구했다. "우리의 가장 깊은 본성에서 우리의 모든 것은 하나며 서로 다르지 않다."

시기는 떨어져 있지만 인도의 정신세계에서 조화와 합일을 찾으려는 시도는 헤르만 헤세에게서도 나타난다. 그는 선교사의 아들로 인도에서 유년기를 보내고, 성년이 되어서는 인도를 여행했다. 그는 근대라는 고독한 시간 그리고 환멸스러운 문명 속에서 상실감을 느끼고 방황했다.

『데미안』은 유년기의 따뜻하고도 평화로운 통일성이 해체된 상실감으로부터 시작된다. 싱클레어는 어머니의 품, 자연의 품 안에서 향유하던 조화가 깨지자 세계에 대한 자신의 무지를 절감하게 된다. 그리고 그는 세계 속으로 내던져져 인간의 내면에 공존하는 양면성을 발견한다. 낮과 밤, 남자와 여자, 선과 악, 이성과 감성, 신성과 마성. 싱클레어는 그 충돌과 균열 사이에서 보다 고양된 아름답고도 위태로운 통일을 꾀한다. 정신적이고 육체적인 시련을 끌어안으면서 그는 세계의 축을 이루는 두 이질적인 원리 사이의 왕복운동, 두 극 사이의 파동, 이중의 선율을 작품 안에 녹여 내려고 했다. 그는 이렇게 말한 적이 있다.

내가 만일 음악가였다면 아무 어려움 없이 두 개의 목소리를 지닌, 두 개의 선으로 성립되는 멜로디를 작곡할 수 있었으리라. 매 순간, 매 소절마다 가장 내밀하고 생생한 대립과 교환의 관계 속에서 서로 화답하며 보충하며 맞서며 이어지는 두 개의 음과 소리로 이루어진 멜로디를. 그리고 나의 이중의 멜로디를 읽을 수 있으며, 하나하나의 소리에서 소리의 반대, 형체, 적, 대척점을 보고 그리고 들을 수 있었을 것이다. 이런 이중의 목소리, 반대명제의 영원한 움직임, 그것이 내가 나의 말들로 표현하려는 것이다. 그러나 아무리 노력해도 소용없다. 나는 거기에 도달하지 못한다.

헤르만 헤세는 무능력을 토로했지만『유리알 유희』에서 저 고뇌를 유려
하게 형상화해냈다. 그리고『유리알 유희』의 집필을 시작하기 1년 전 그
는『동방으로의 여행』을 발표했다. 이 작품에서 그는 인도를 정신의 거대
한 공동체로 묘사했다. "단순히 하나의 나라가 아니라, 지리적인 무엇, 그
러나 영혼의 고향이며, 젊음이며, 모든 곳이며, 아무 곳도 아니며, 모든 시
대의 통합이다." 그리고 자신이 갈구하던 표현을 인도의 언어에서 보았
다. "인류의 말 중에서 가장 높은 수준의 말은 근본적인 이중성이 마법적
기호로 표현된 말들의 쌍, 몇 가지 격언들, 세계의 엄청난 대립들을 필요
하고도 동시에 덧없게 만드는 비밀스러운 상징들이다."

배낭 혁명

헤르만 헤세는 가히 종교적일 만큼 조화를 염원했다. 그러나 조화가 깨진
자리에서 피어나는 예술만이 그에게는 종교일 수 있었다. 그는 외부의 초
월적 존재를 상정하지 않은 채 내면의 미결정 상태에서 출발해 영혼을 구
원하고 정신의 균형을 잡으려고 애썼다. 그래서 헤르만 헤세의 작품은 근
대적 자아의 고뇌를 웅변한다. 그는 일찍이 정신병으로 고통을 호소했으
며, 그 고통을 이겨내려고 시, 소설, 음악, 그림으로 자신과 바깥세계 사이
에 다리를 놓으려고 시도했다. 그것은 개체로서 경험한 근대인의 증상이
었고, 그리하여 치유 과정이 새겨져 있는 그의 작품은 정신적 허기를 호소

하는 근대인에게 공감과 위안을 준다.

근대적 자아는 현실을 박차고 비상하기를 꿈꾸지만, 동시에 지반이 무너져 내리는 듯한 실재성의 상실감에 시달린다. 현재 속의 존재는 미래의 비존재와의 관계 속에서 경험된다. 시간은 흩어지며, 잃어버린 것은 되돌릴 수 없다. 궁극적 의미도 없이 자신을 감싸오는 시간의 점착력을 떨쳐내고 싶지만, 동시에 시간의 지속을 동경한다.

또한 근대인은 혼자 힘으로 자신의 실재성을 지탱하지도 못하지만, 타자 속에서 평안을 느끼지도 못한다. 추억 속의 타자 혹은 희망 속의 타자만이 아름다울 수 있다. 해독된 타자만이 편안함을 안긴다. 현실의 타자는 그 누구든 자신을 불안케 만든다. 지금 여기에 존재하지 않는 타자만이 진정 사랑받을 수 있다.

또한 근대인은 사회 앞에서 무력하다. 근대 대중사회는 물화되지 않은 것, 측정할 수 없는 것, 셀 수 없는 것은 누락시킨다. 사회는 개개인을 군중으로, 압착기 속에서 도매금으로 내리누른다. 겉보기에는 자유롭게 남겨진 시간에조차 개인은 자신을 대중의 일원으로 합금하며 집단화에 적응한다. 경험은 주물을 붓듯이 틀 지어진다. 그래서 경험은 시들어버린다.

그렇게 허기지고 불안하고 무력할 때, 거짓 경험과 거짓 만족에 신물이 나고 제공된 현실에 역겨움을 느끼며, 행복들 속에 있지만 행복하지 않다고 느낄 때, 결정적으로 행복은 구매할 수 있는 게 아니라는 자각이 들 때 어떤 이들은 진정한 체험을 갈구하며 집을 떠난다. 그중의 어떤 이들은 인도에 와서 방랑한다.

그런 방랑은 오랜 연원을 갖고 있다. 19세기 말 낭만주의, 20세기 초 합리성의 파탄, 20세기 후반 반문화 운동, 이후 다시 오늘날 뉴에이지가 바통을 이어받아 인도를 찾는다. 자신을 왜소하고 무력하게 만드는 사회를 떠나, 감상할 수 있는 아름다운 타자를 찾아, 뭐라도 좋으니 어떤 실체성을 찾아 인도를 방랑한다.

그리고 그보다 더 오랫동안, 지난 3세기에 걸쳐 인도는 유럽에서 정신적 대항의 거점 혹은 유럽의 정신에 깊이 뿌리내린 질병을 치료하는 수단으로 기능해왔다. 인도는 기계론적이고 이원적인 사고를 극복하는 장소로 비쳐졌으며, 때로는 서구적 정신의 파산과 대조되기도 했다. 그러나 바로 유럽을 반성하는 도구이자 재구성하는 매개로 받아들여졌기 때문에 인도는 그 틀에서 이해되고 왜곡되었다. 유럽과의 대비 속에서 인도에 강박적 관심을 가질수록 인도는 현실에서 유리되어 이상화되고 신비화되어 갔다.

인도는 인류 유년기의 순수함, 황금시대의 화사함을 지닌 목가적 낙원이며, 인간과 자연, 인식과 정서, 종교와 철학, 주체와 대상이 합일에 이르는 땅이었다. 거기서 살아가는 구체적 인간과 그 인간들이 직조해내는 구체적 사회상은 과잉된 의미 속에 묻혀버렸다.

오늘날 매해 수십만의 젊은이들은 인도로 배낭 혁명을 떠난다. 인도에서는 산문이 아닌 시를 만난다. 이성으로부터 도주해 시의 세계에서 기도하고 마시고 느끼고 소비한다.

쾌락의 사제

인도는 여전히 거대한 의미와 오해를 뿜어내고 있다.

리시케시에는 몇몇 유명한 구루들이 있다. 구루란 산스크리트어로 존경받아 마땅한 자라는 의미다. 혼자 힘으로 영적 혜안을 얻은 정신적 지도자다. 구루는 육신을 갖지만, 영적 깨달음에 도달한 존재로서 진리의 살아 있는 화신이다. 구루는 자신의 교파를 창시하기도 하며, 신처럼 존경을 받고 탄생일은 축제일로 기념된다.

인도의 수많은 구루 가운데서도 특히 오쇼 라즈니쉬는 한 시대를 풍미했다. 추종자들은 그를 부처에 버금가는 깨달은 자로 추앙했으며, 배척자들은 섹스 교주, 종교 사기꾼으로 비난했다.

오쇼 라즈니쉬는 대학에서 철학을 전공했는데, 스물셋의 나이에 스스로 깨달음을 얻었다고 선포했다. 삼십대인 1960년대에는 철학 교수로 인도를 돌며 대중 강연을 했다. 그는 마하트마 간디, 사회주의 그리고 기성 종교를 모두 거부하며 성에 대한 개방적 태도를 취해 논란을 일으켰다. 나이 마흔인 1970년에는 뭄바이에 명상센터를 열어 제자를 받아들이며 정신적 지도자로 살아가기 시작했다. 이윽고 서양의 수행자들이 그를 찾기 시작했다.

그는 경전 해석에 일가견을 보였으며 특히 『금강경』과 『반야심경』에 대한 그의 주석은 권위를 가졌다. 그 밖에 활발한 저술 활동에 나서 『화상—길은 내 안에 있다』, 『그대를 변형시킬 새로운 연금술』, 『틈』, 『벗은 나체

입은 나체』, 『내부로부터의 행복』 등의 저작은 한국에도 번역되어 있다. 1980년 무렵에는 그의 제자가 전 세계에 25만 명을 헤아렸다고 한다.

나는 그의 정신세계를 알지는 못한다. 단편적인 행적의 기록만을 접했을 따름이다. 여러 글들에서 그의 사고는 "욕망을 억압하지 말고 있는 그대로 바라보고 인정하라"는 가르침으로 요약되고 있다. 그가 금욕적 기독교의 교리와 갑갑한 사회에서 벗어나려던 서양의 젊은이들에게 커다란 반향을 얻은 것은 확실해 보인다. 한편 그는 섹스 구루라는 오명도 얻었다. 그러나 성에 대한 주장은 그의 가르침 가운데 일부였으며 독창적인 시각도 아니었다. 성을 억압하지 말고 각성을 얻는 에너지로 전용하라는 가르침은 이미 힌두교의 탄트리즘에 오랜 기원을 두고 있다.

그는 푸네에서 세를 얻던 중 큰 뜻을 펼치려고 미국으로 건너갔다. 한동안은 성공을 이뤄 오리건 주에 자신의 왕국을 건설했다. 그러나 아흔여섯 대의 롤스로이스 자동차를 소유하고 있다는 보도가 나가고 섹스 명상법 때문에 큰 사회적 비난에 시달렸다. 거기에 측근의 배신, 미연방 법정과의 갈등 등으로 결국 미국을 떠나 곳곳을 전전하다가 1990년 예순 살의 나이로 푸네에서 생을 마감했다.

그는 확실히 탁월했다. 인간의 심리와 세상이 돌아가는 방식을 아주 잘 꿰뚫어보았다. 그의 경전 해설은 창조적 해석일 수도 창조적 오독일 수도 있다. 그리고 그를 둘러싼 추앙과 비난 역시 맞거나 틀렸을 수 있다. 다만 그것들이 인도라는 배경으로 인해 증폭되었음은 사실이라고 말할 수 있을 것이다.

리시케시 거리 곳곳에 붙은 요가 광고지.

맞춤 영성

자의든 타의든 간에 오쇼 라즈니쉬는 쾌락의 사제가 되었다. 그가 수십만
의 제자를 거느릴 수 있었던 것은 육신의 욕망을 인정하고, 정신의 허기를
위로하는 달콤한 말들을 구사할 수 있었기 때문이다. 혹은 그의 글이 달콤
하게 읽혔기 때문이다.

나는 그의 글을 아주 일부만 접했을 뿐이지만 뉴에이지 음악이 그랬던
것처럼 간질간질하더니 곧 물렸다. 쏟아지는 신묘한 말들은 상투어처럼
보였다. 달관은, 신산을 겪은 후의 진지한 달관이라면 진정 인생의 가치와
무게를 갖지만, 허약한 정신을 위무하는 달관의 언설이라면 가벼울 뿐이
다. 이것은 그의 글이 그렇다기보다, 내게는 그의 글이 그렇게 읽힌다는
의미다.

오쇼 라즈니쉬를 둘러싼 의미망에 어떤 오해가 담겨 있다면, 이곳 리시
케시에서는 명상과 요가를 둘러싼 오해를 목격할 수 있다. 리시케시에는
원숭이 자세로 호객을 하는 요가 포스터가 곳곳에 붙어 있다. 명상은 마음
속에서 벌어지는 현상을 관觀하여 자신을 관리하고 각성을 얻는 수련이지
만, 동시에 자기를 현혹하는 환각의 형식이자 세상으로부터의 도피가 될
수도 있다. 요가 또한 일상의 실천임이 망각되고, 일신을 위한 금욕주의이
자 '은퇴자를 위한 윤리'가 될 수 있다. 고아에서 마리화나를 하다가 온 여
행자가 리시케시에서 명상을 하고 요가를 배우더라도 그건 얼마든지 있
을 수 있는 일이다. 명상과 요가는 일상에서 느끼는 정서적 혼란을 스스로

다른 전망에서 바라보아 더 큰 인식에 도달하려는 실천이지만, 이곳 본고장에서 여행자는 타인의 도움을 받거나 약물의 힘을 빌리기도 한다. 때로 선禪 체험의 각성은 섹스와 알코올을 통한 황홀경과 혼돈되기도 한다.

몸은 다양한 힘들의 장이다. 몸에 배인 습기習氣 내지 습속習俗은 몸의 개방을 거스르고 몸의 강렬도를 낮추기에 몸을 닦아[修身] 산만하게 분산되는 힘을 모으고 또 흐르도록 해야 한다. 그리고 그런 실천은 인격적 변화를 촉진한다. 요가와 명상은 몸을 닦아 의식을 확장하고 존재의 본성을 들여다보는 것이다. 평온함, 고요함, 심신의 균형을 얻고 예속에서 자유로 향하는 기술인 것이다.

그러나 이제 체육관을 찾아가듯 요가와 명상을 하러 간다. 결과는 되도록 신속해야 한다. 리시케시의 요가 캠프는 심신의 만족을 찾는 휴가객들에게 맞춤 상품을 판매한다. 서울에서는 핫요가가 인기다. 정신적 깨달음도 물화되어가고 있다. 동전을 넣으면 나오는 인스턴트 커피처럼 말이다. 패스트푸드 종교는 현실의 고뇌를 안이하게 받아들여 달관하도록 가벼운 위안을 내준다. 신은 죽었지만, 패스트푸드 종교는 점점 체인점을 늘려가고 있으며, 정신적 허약 체질을 낳고 있다.

그리고 그들 중에 누군가는 그 상품들을 구해 인도를 찾는다.

...dian EXPRESS

JOURNALISM OF COU...

LATE CITY • NEW DELHI • MONDAY • OCTOBER 26 • 2009 • 16 • 16 (NEWSLINE PAGES) • ...

Dalai Lama India's honoure... guest, PM tells Wen Jiabac

CHINA TIES ▌ *Singh raises Brahmaputra dam issue, Chinese Foreig... Minister Yang Jiechi in Bangalore tomorrow for talks with Krishna...*

...JURED

PRIYADARSHI SIDDHANTA & SHISHIR GUPTA
HUA HIN (THAILAND), NEW DELHI OCTOBER 25

REBUFFING Beijing's wish that New Delhi bar the Dalai Lama from travel-...ng to Arunachal Pradesh, ...ime Minister Manmohan ...gh has told Chinese Pre-Wen Jiabao that the Ti-...spiritual leader was an ...oured guest". The Dalai ...me to visit Arunachal ...ach next month.

...d to the Premier ...ple that the Dalai ...oured guest, ...despite. We de-...dialogue to ...understan-...Singh and ...of time ...registra-...could ...hes, future ...of strategic ...in under-this

...travel anywhere in India, in-...cluding Arunachal Pradesh, ...saying he had a "frank and ...construc-tive exchange of views" ...with his Chinese counterpart. ...Singh and both sides discussed ...all issues and agreed that said ...negotiations on boundary or ...disputes could be solved in the ...mature manner in the ...of mutual understanding

WAITING FOR HURRIYAT: PM

On Kashmir, Singh said: "My specific purpose is not to start or engage in negotiations my-self... I recognise there are some political groups who are outside the mainstream. We would like them to engage in constructive dialogue. I have already had two-three meet-ings with the Hurriyat. They promised to come back with specific suggestions. I am still waiting for them."

MORE REPORTS ON PAGE 15

Visa rules take Chine... off apple belt road proj... Himachal govt upse...

Himachal says this 80-km road will save...

DINKER VASHISHT AND ASHWANI SHAR...
SHIMLA, OCTOBER 25

THE Centre's decision to limit on employment for Chinese workers in India has upset the pro-...of Himachal Pradesh, where, in the Chenab ...job cultivation belt, Chinese workers will ...been force made to stop work on a road proje-...the shelf life of the state's famed product...

Chinese-based Longjian Road and Bridge ...Limited had been awarded a contract by the ...Pradesh government to construct an 80-km...

Apple is a perishable product so this 80-km ...road. The existing belt highway is narrow...

맥그로드 간즈,

달라이 라마와 정치 감각

인도 속의 티베트

최근 수년간 인도인들이 너무 많이 들어와 물가가 앙등했다고 푸념이다. 5~6년 사이에 두 배 가까이 뛰었단다. 이곳은 어떤 인도다.

이곳의 고도는 높다. 이제껏 들이켜고 다니던 덥고 습한 공기와는 다르다. 쌀쌀하고 신선한 공기를 들이켜니 추억 비슷한 감흥이 가슴 밑바닥에서 탄산수 포말처럼 솟아오른다. 아직 경험한 적도 없는 대상을 향한 그리움인지 모른다. 생각건대 나는 그런 감정을 오랫동안 잊고 지냈다. 달콤쌉싸래한 슬픔이다. 다행히 호텔을 잡고 나서 비가 내린다. 땅이 높아서인지 비구름은 더욱 낮게 깔린다. 창가로 내다보이는 검붉은 벽이 비에 젖어가며 짙은 색을 더해간다. 그 모습에 잠복해 있던 외로움 같은 것이 물 만난 물고기처럼 기승을 부리기 시작한다.

나는 맥그로드 간즈에 왔다. 티베트 망명정부가 자리잡은 땅이다. 이곳에는 인도인보다 더 많은 수의 국적 없는 티베트인이 살아간다. 티베트 망명정부가 이곳에 들어선 것은 1959년 티베트 봉기 이후의 일이다. 1959년, 달라이 라마를 납치하려는 중국 정부의 계획이 알려지자 포탈라 궁에는 그를 지키려고 수만 명의 티베트인이 모여들었다. 그러나 군대는 군중을 향해 무차별 발포를 했고, 1만 5,000명의 사람들이 주검이 되어 광장을 붉게 물들였다. 그날 시작된 저항과 봉기로 사망한 자는 라싸에서만 8만 5,000명을 헤아리고 있다. 티베트는 독립을 쟁취하려는 노력에도 불구하고 중앙정부의 무력 탄압의 결과 결국 중국령으로 병합되었다. 그 시기

10만 명 가까운 티베트인이 달라이 라마와 함께 고향을 떠나 히말라야를 넘어 인도에 도착했다. 나는 한 민족의 역사 속에 새겨진 이런 엄청난 수치를 접할 때마다 대체 어떻게 느껴야 하는지 혼란스럽다.

이후로도 티베트에 대한 탄압은 지속되었다. 중국 정부는 '인민 전쟁'이나 '생사를 건 투쟁'이라는 과도한 수사까지 동원하며 티베트를 탄압했다. 10년간의 문화혁명 기간에는 10만 명의 승려들이 사형과 고문으로 죽어갔고, 2만 명은 승직을 박탈당하고 강제 노동에 끌려가거나 구금당했다고 한다. 수많은 티베트인들은 계속되는 중국 정부의 탄압으로 티베트를 떠나 이산했다. 그리하여 세계 곳곳에 난민 캠프가 세워졌다. 그리고 바로 이곳에 망명정부가 들어섰다. 저 피해의 숫자들도 이곳의 박물관에서 확인할 수 있었다.

1959년 당시 인도의 수상이었던 네루는 달라이 라마에게 우타란찰 주의 머수리와 맥그로드 간즈 중 한 곳을 제공하겠다고 제안했다. 당시 달라이 라마는 스물넷이었다. 그는 맥그로드 간즈를 택했고, 이곳으로 망명한 티베트인들은 3세대까지 배출하며 티베트 문화를 보존하며 살아가고 있다.

한 사회와 한 인간

티베트인은 한족에게 오랜 배척의 대상이었다. 가령 무협지는 라마불교를 중원을 침략하는 변방의 사악한 종교로 묘사하고 있다. 당·송 시대에 티베트는 토번이라 불렸다. 한족들에게 티베트인은 멀지 않은 곳에 존재하는 낯선 존재였다. 그러나 서구인에게는 그 이국성으로 말미암아 호기심과 동경의 대상이 되었다.

티베트라는 고유명의 울림은 특별하다. 티베트는 하늘에서 가깝다. 때 묻은 지상보다 영성에 더 가까울 것 같다. 하지만 티베트인들도 땅에 발을 붙이고 살아간다. 지상의 정치에 몸을 담고 있다. 그러나 티베트는 분명 지상의 땅 가운데 고유한 주파수를 전하고 있다. 그리고 티베트는 또한 한 명의 고유명으로 응집된다. 달라이 라마다.

대체 어느 사회에서 한 명의 인간이 이처럼 육중한 존재감을 가질 수 있을까. 위대한 지도자를 말하는 게 아니다. 달라이 라마는 생불로서 공경을 받고 있다. 그는 관음보살의 화신으로 열반의 세계에 들어가지 않은 채 윤회의 세계에 머물며 대중을 구제한다. 한 사회가 한 인간을 달라이 라마로 키워내고 그 한 인간이 민족 전체를 지도한다. 달라이 라마에게는 하루에도 수분 단위 간격으로 하고 지켜야 할 것들이 있다. 그는 살아 있는 부처이자, 살아 있는 제도이며, 살아 있는 상징이다.

그러나 달라이 라마는 사실 고유명이 아니다. 달라이 라마는 세습이 아닌 윤회 사상에 의거해 민중으로부터 권위를 인정받는다. 그리하여 달라이 라마는 여러 몸이자 하나의 영혼이다. 생불은 생불이기에 죽음을 맞이한다. 그러면 뒤를 이을 영동靈童을 찾아 달라이 라마로 옹립한다. 영동은 생불이 환생한 아이다. 지금의 달라이 라마는 달라이 라마 14세다. 달라이 라마 13세가 사망하자 고승들은 그가 다시 태어난 곳을 계산해내고, 달라이 라마의 영혼을 받은 아이를 찾아내 달라이 라마 14세로 옹립했다.

달라이 라마 14세는 1935년 5월 티베트 북동부의 농가에서 태어났다. 본명은 텐진 갸초. 4세에 영동이 되었다. 이미 말을 배울 때부터 "여기는 내가 있을 곳이 아니다"라며 부모를 하대했다고 한다. 환생자를 찾던 포탈라 궁의 고승들이 달라이 라마 13세가 쓰던 물건을 보여주자 전에 쓰던 물건이라고 말했다. 그리고 15세에 법주로서 티베트 불교의 최고 자리에 올랐다.

라마불교의 영동 찾기는 생불이 임종하며 남긴 암시나 고승의 계시 등에서 영동이 사는 장소와 생년월일을 산출해낸다. 생불이 떠난 지 29일이 지나면 그 영혼은 다른 몸에서 수태된다. 그 아이가 다섯 살 정도가 되면 비슷한 연령대의 아이들 속에서 찾아낸다. 그렇게 선택받은 영동은 수도 라싸로 데려와 철저하게 종교와 정치에 관한 교육을 받는다. 따라서 10년 이상 걸리는 교육 기간 동안 최고 지도자는 부재한다. 그러나 그 기다림 속에서 사회는 유지된다.

스님을 만나다

그들은 코링 보치라고 불렀다. 사람들은 빙 둘러 모여 게임에 몰두하고 있었다. 문외한인 내게는 알까기와 비슷하게 보였다. 머리를 짧게 자른 수도

승 복장의 남자가 연전연승이었다. 손놀림이 현란했다. 그와 겨룬 여러 상대들은 혀를 내두르며 차례대로 자리에서 일어났다.

딱히 할 일도 없어 한참을 구경했다. 어쩌다 말이 섞여 나는 그 챔피언과 뚝바를 먹으러 식당에 갔다. 그는 열세 살에 수도승의 삶을 시작했다. 자기 바람은 아니었다. 부모가 원했다고 한다. 그러나 수도승으로 살아가면 '심플 라이프'라고 그가 몇 차례나 자랑처럼 강조했다. 둘 다 영어 실력이 충분하지 않아서 그 말이 더욱 두드러졌는지 모른다.

그것은 분명 호의다. 떠듬떠듬 외지의 여행자에게 애써 자기 삶을 이해시키려 한다. 그것은 한 개체에게 그치는 것이 아니라 자기 삶에 새겨진 티베트의 상황을 전하는 일이었다. 그는 티베트에서 히말라야를 타고 넘어와 인도의 곳곳에서 수학했다. 한번 고향을 떠난 지금 그는 티베트로 돌아가지 못한다. 작년에 어머니가 편찮으시다는 소식을 듣고도 찾아뵙지 못했다. 그에게는 여권이 없다. 티베트가 아닌 제3국으로 나갈 수는 있지만, 그러려면 네팔 여권을 사서 싱가포르를 거치는 등 복잡한 절차를 밟아야 한다고 말한다. 히말라야만큼 넘기 어려운 외교상의 장벽이 그를 가로막고 있다.

그는 매달 2,700루피짜리 방에서 다른 스님과 함께 체류하고 있다. 그렇게 스승과 배움을 구해 삶의 장소를 옮겨 다니는 이들의 네트워크가 아시아에 존재하고 있다. 그는 다음에는 수를 내어 부탄에 갈 것이라는 포부를 밝혔다.

2009년 10월 13일

중요한 순간들이 있다. 기억할 만한 날짜가 있다. 만약 짧은 수필을 쓴다면 '달라이 라마와의 만남'이라는 제목 아래 '2009년 10월 13일'이라는 부제를 달아야 할지도 모른다.

사실 만남이란 내 쪽에서만 발생한 일이었다. 대화는커녕 눈빛 한번 주고받지 못했으니 말이다. 아마 법당에 모여 있던 군중들에게도 그러했으리라. 아주 잠시 그의 얼굴을 보았지만, 어떤 대면처럼 느껴졌을 것이다.

스님은 약속대로 이른 아침에 호텔로 나를 데리러 오셨다. 달라이 라마의 설법을 함께 들으러 가기 위해서였다. 상기된 표정이었다. 스승 같은 존재의 말씀을 접하는 날인 데다가 외지의 여행자와 동반하니 더 그러하셨을지 모른다. 스님을 따라 거리로 나서니 도시가 움직이고 있었다. 거리의 사람들은 모두 같은 방향으로 발걸음을 재촉했으며, 법당으로 가는 길에는 어제는 없던 거리 음식들이 즐비하게 진열되어 있었다. 그 기회를 놓칠 수가 없어 자꾸 해찰을 부리며 음식들을 탐했더니 스님은 늦게 도착해 명당자리를 놓칠까봐 서두르는 눈치였다.

법당으로 들어가는 길은 경비가 삼엄했다. 어린아이도 모두 몸을 수색했고 카메라는 반입되지 않았다. 오늘은 싱가포르에서 온 불자들을 위한 설법의 첫날이다. 달라이 라마는 매년 싱가포르, 타이완, 일본, 한국의 불자들을 위해 정기적으로 설법을 행한다. 속세의 국적에 따라 설법의 내용도 달라질까. 그것은 알 수 없지만 티베트어와 영어가 섞인 그의 설법은 통역을 거쳐 여러 말로 옮겨진다.

다행히 한국의 불자도 자주 찾는 모양이어서 FM 94.1MHz로 한국어 통역이 흘러나왔다. 티베트 임시정부는 이곳을 찾은 외국인들을 위해 다양한 언어로 달라이 라마의 설법을 동시통역해준다. 한국에서 들고 나온 MP3는 이미 중국에서 망가진 지 오래다. 한 레스토랑에서 라디오를 빌려왔다. 나 같은 외국인만 라디오를 챙겨온 게 아니었다. 그의 설법에는 영어가 섞여 있기 때문에 현지의 티베트인도 통역에 의지해야 했다.

8시 10분. 치지직. 구형 라디오로 주파수를 잡아내는 게 쉽지 않다. 법당의 찬 바닥에 앉아 달라이 라마를 기다리는 현지인들은 염주나 작은 마니차를 돌리며 나지막하게 '옴 마니 팟메 훔'을 암송하고 있다. 차분하지만 열기로 가득하다. 나이 지긋한 저분들은 달라이 라마와 함께 히말라야를 타고 이곳으로 넘어오셨는지도 모른다. 법당에 감도는 공기는 교주를 기다리는 여느 신자들의 그것과는 분명히 다르다.

갑자기 주위 사람들이 무릎을 꿇고 손을 모으기에 달라이 라마가 도착했는가 싶었다. 주위를 둘러봐도 달라진 게 없지만, 나에게는 보이지 않는 전조를 그들은 포착했을 것이다. 수십 초가 지나자 그는 뜻밖의 모습으로 등장했다. 한쪽 철문이 열리더니 정장을 입은 경호원이 에워싼 검은색 SUV가 유유히 굴러왔다. 차에서 내린 그의 곁에서 수행원들은 진열을 갖췄다. 그는 종교 지도자라기보다 정치 지도자 같은 모습으로 등장했다.

'아, 저 사람이구나.' 곁의 승려들과 차림새는 그다지 다를 바 없었다(달랐을지도 모른다. 내게는 식별할 눈이 없다). 다만 수행원들의 경직된 얼굴들

속에서 미소를 머금은 그의 표정은 선명히 구별되었다. 그는 합장으로 회중에게 인사를 전하고 나서 법당 안으로 들어갔다. 출입증을 구하지 못해 법당 바깥에 자리잡은 나는 스크린을 통해 보는 수밖에 없었다.

유머의 용법

싱가포르 불자들을 위한 법문은 스승에 관한 이야기로 시작되었다. 달라이 라마는 자신이 인도네시아, 인도 등지에서 여러 스승에게 사사했다고 말했다. 싱가포르를 따로 언급하지는 않았지만, 가르침을 구하러 다녔던 그의 동선은 이미 나라 간의 경계를 지우고 있었다. 이야기에 점차 활기가 돌더니 그의 입담은 타이완, 이스라엘, 팔레스타인으로 종횡무진 펼쳐진다. 구체적인 경험담으로 이야기에는 살이 붙는다. 그의 경험담을 듣는 것만으로도 세계의 품이 넓어지는 느낌을 받는다. 어떤 의미에서 그는 티베트인의 전범이자 코즈모폴리턴이다. 자기 삶을 한 장소로 국한시키지 않는다.

그리고 종교적 의미에서 달라이 라마는 상대주의자에 가까웠다. 지역마다 환경과 관습에 맞는 종교가 있게 마련이라고 그는 말했다. 이슬람교도, 기독교도들은 자신의 종교를 지키는 게 마땅하다. 보편적 윤리를 종교적 속박 아래 두어서는 안 된다. 그러나 그는 불교 그리고 자이나교는 타종교와 달리 조물주의 존재를 인정하지 않는다고 강조했다. 이런 에피소

드도 잊지 않았다. 달라이 라마가 망명하던 시절 어느 기독교인에게 도움을 받은 적이 있다. 그는 달라이 라마에게 말했다. "금생에 나는 기독교 신자입니다. 내생에서는 불자가 되려 합니다." 천국을 부정하고 내생을 믿는 기독교 신자.

법당 돌바닥에서 한기가 올랐다. 마침 수유차와 딱딱하게 굳은 빵이 나왔다. 그러나 컵을 챙겨오지 않아 수유차는 얻지 못한다. 빵은 수제라서 크기가 제각각이다. 허기가 진 탓에 내심 큰 것이 떨어지기를 바랐지만 그렇지 않았다. 대신 빵이 분배된 다음에 또 한 번의 분배가 시작된다. 내 빵이 작은 것을 보자 괜찮다는데도 주위 분들이 제 몫을 떼어주신다. 못 이기는 척 받아 허기를 달랬다. 차도 옆자리의 할머니가 권하셔서 수유차에 빵을 찍어 먹는다. 따뜻한 기운이 돈다. 경건하지만 엄숙했던 분위기도 점차 풀려간다. 배를 채워서만은 아니다. 달라이 라마의 유머 때문이다.

나는 그에게서 유머의 다른 용법을 본다. 우리 시대의 유머는 대개 즐거운 분위기로 유도하거나 껄끄러운 관계에 쿠션을 끼우는 말재간에 불과한 경우가 많다. 그리고 대상을 폄하하거나 아니면 자학적인 소재가 태반이다. 대개가 일회용품이다. 폭력적이기도 하다. 안타까운 사태를 희화화할 때 함께 웃어넘기면 그 부류에 가입했다는 승인을 받을 수 있다. 진정 사고하는 자라면 납득할 수 없는 농담에 경악해 마땅하다. 그러나 농담을 그대로 받아넘기지 않고 곱씹고 껄끄럽게 추궁한다면 분위기를 흐린다는 소리를 듣는다. 퇴행적 진보에 직면해 영리함은 곧 우둔함이 된다. 점차 텔레비전에서 웃고 떠드는 소리들은 경박한 데다가 불편하게 들린다.

달라이 라마의 유머는 다르다. 엄숙하게 법문을 강독하다 던지는 농담에 신선한 바람이 들어온다. 그와 우리 사이의 문턱이 순간적으로 낮아진다. 토크쇼에 나와 우스갯소리를 꺼내놓고 반응을 살피는 출연자들과 달리 그의 유머는 거침이 없다. 동작도 거리낌이 없다. 몸을 흔들며 법문을 읽다가 머리를 긁적이다가 가사 속으로 오른손을 집어넣어 등을 긁는다. 무슨 생각이 떠올랐는지 홀로 킥킥거리다가 사람들을 내다보며 싱글벙글이다. 소탈하고 익살스럽고 자유롭다. 그는 법당을 유쾌하게 서로의 생명을 키우는 장으로 바꿔낸다. 몸은 거대한 광야가 되어 우주의 리듬을 타고 그 환희 속에서 춤을 춘다. 어려운 법문을 강독하고 있지만 그의 표정이 사람들의 표정으로 번져간다.

확실히 사람마다 에너지의 자장은 다르다. 지면을 딛고 있는 발바닥의 크기만큼 에너지의 반경이 형성되는 사람이 있는가 하면, 그 존재로 말미암아 사방이 에너지로 넘실거리는 사람이 있다. 그 반경 속에 있는 사람들의 에너지는 그 존재에게로 모여 고이고, 그 에너지는 다시 사람들에게로 발산된다. 달라이 라마의 미소에는 깊은 자존감과 타인에 대한 애정이 함께 묻어 있다.

이어폰을 빼다

여러 나라에서 온 사람들이 뒤섞여 있다. 이어폰을 꽂고 있는 청중들은 웃는 순서가 다르다. 각국 언어의 어순 차이로 인해 웃음의 포인트가 달라지는 모양이다. 그러나 스크린에 비친 그의 표정에서 이미 청중들은 웃음을 예감하고 있다. 사람들은 그가 건넨 농담에 무장해제된다.

이어폰을 귀에서 뺐다. 잘 듣기보다 잘 보고 싶었다. 이제 바깥에 나온 나는 숙달된 구경꾼이다. 여행을 다니다보면 눈에 담아야 할 정보가 너무 많다. 그래서 상황의 의미를 곰곰이 헤아리기보다 무슨 일인지 급히 훑어본다. 카메라를 수시로 꺼내 상황을 단숨에 그리고 적당히 포착하고는 나머지는 거추장스러운 짐인 양 내팽개친다. 지긋하게 보고 있지 않는다.

그러나 달라이 라마의 표정과 동작은 자세히 관찰하고 싶었다. 카메라 반입이 금지된 탓도 있으리라. 결국 눈으로 보고 기억 속에 인화해야 한다. 보는 일에 집중하고 싶었다. 그러나 이어폰을 빼도 그의 말을 알아들을 수 없는 건 아니었다. 티베트어는 모르지만 직감으로 이해할 수 있는 구석이 있다. 그의 입에서 나오는 어떤 음성은 언어의 울타리를 넘어 감각의 세포로 깊이 파고든다.

라디오를 내려놓고 마음을 가라앉힌 채 그의 음성을 듣고 움직임을 보고 사람들의 반응을 살핀다. 말을 떠나니 법당의 공기를 더욱 깊이 들이마시고, 그의 존재는 더욱 깊숙이 나의 가슴으로 걸어 들어온다.

스승과 진리

이제 법문이 끝났다. 청중과의 질의응답이다. 이 대목은 들어야 한다. 다시 이어폰을 꽂는다. 첫 번째 질문은 라마불교에는 4대 종파가 있는데 불자는 모두를 수행해야 하는가였다. 그는 어떻게 답할까. 불교계의 권위자이니 그의 발언은 무게를 갖는다. 아마도 종파의 구분 없는 수행을 강조하겠거니 생각했다.

긴 이야기가 나오려는 모양이다. 오른팔을 의자 한쪽에 괘고 느긋하게 미소를 짓는다. 예상대로 그는 종파의 경계를 넘어 다른 종파로부터 배우려는 용기를 강조했다. 그러나 이것은 결론일 뿐 그는 결론에 이르기까지 몹시 에둘러 갔다. 그리고 이번에도 경험담에서 화두를 끌어왔다. 자신이 수학한 스승들의 이야기를 꺼냈다. 다른 스승들의 가르침으로 어떻게 여러 각도에서 불교를 이해하고 자신의 불교 세계를 구성하게 되었는지를 길게 털어놓았다. 생각해보면 어제 뚝바를 먹는 동안 그 스님도 스승들에 대해 긴 이야기를 들려주었다.

불교는 그야말로 해석의 지평이 넓다. 달라이 라마와 스님이 들려준 스승의 존재란 활자화된 도그마를 전수하는 자들이 아니었다. 스승은 먼저 삶의 스승이었다. 스승 역시 인간이기에 불완전하며 상처를 갖는다. 그러나 그렇기에 가르침은 구체성을 띤다. 아니 스승이란 그 가르침이 인격화된 존재라고 말해야겠다.

진리를 추구하는 사람은 신뢰할 수 있다. 그러나 진리를 찾았다는 사람은 경계해야 한다. 세상의 모든 진리는 그 스스로 진리인 것이 아니라 그 것을 추구하는 자에게 진리인 법이다. 사람 역시 그러하다. 사람은 스스로 아름다운 것이 아니라 사랑해주는 사람에게 아름답다. 나 역시 스승을 찾고 있다. 문헌을 통해 역사 속에서 스승을 찾기도 하지만, 동시대를 살아가는 누군가를 스승으로 삼고도 싶다. 몇몇 분들을 힘들게 만났다. 그들은 자신의 진리를 설파하는 자들이 아니다. 물음을 던져준 존재들이며, 그들의 말과 행적 속에서 나의 고민이 구체성을 얻게 되는 존재들이다.

두 번째 질문이 나왔다. 진언할 때 꼭 산스크리트어나 티베트어로 해야 하느냐는 것이었다. 초기 경전의 원문이 남아 있지 않은 상태에서 티베트어로 된 불경은 원전에 버금가는 문헌적 가치를 지닌다. 티베트어는 산스크리트어와 문장 구조나 문법 체계가 비슷하며 초기 경전의 번역자들은 자구 하나도 자의적으로 옮기지 않고 원문을 보존하려고 심혈을 기울였기 때문이다. 나는 대충 이런 배경지식을 가지고 답변을 기다렸지만, 달라이 라마는 다시 예상치 못한 방향으로 우회했다.

그는 자신이 전생에 인도의 게으른 수행자였을 거라고 말했다. 바라나시 학자의 산스크리트어 암송을 듣고 있노라면 그 울림에 감동한다는 것이 그 이유였다. 그러나 현생에서는 산스크리트어의 발음이 안 된다며, 기도문은 자신이 알아들을 수 있는 말로 하면 그만이라고 답했다.

그는 어떤 질문에도 거칠 것 없이 자신의 에피소드로 유려하게 받아넘긴다. 그는 어디선가 확신의 소리를 듣고 있다.

첫날 법문의 마지막 질문은 이것이었다. "법문을 듣다가 졸음이 오면

어찌해야 되는지요." 달라이 라마의 답변은 웃음을 자아냈다. "스스로 즐거워야 합니다. 대신 코는 골지 마십시오."

영혼을 치유하는 섬광

법문의 둘째 날 아침에도 스님이 마중을 나오셨다. 오늘은 컵을 챙긴다. 둘째 날은 『반야심경』 강독이 끝나고 질의와 응답이 길게 이어졌다.

첫 번째 질문은 "사성제의 고품에서 어떻게 벗어날 수 있느냐"는 것이었다. 이 물음은 불교의 역사에서 아주 오랫동안 거듭되어 등장해왔으리라. 결코 닳아 사라지지 않으며 물음을 낳는 물음이다. 라마불교에서도 그 출현과 함께 역사를 거쳐 지속되어온 물음이다.

나는 답변을 기다렸다. 그는 길게 말하지 않았다. 모든 것이 고다. 태어나는 것도 늙는 것도 병드는 것도 고다. 사랑하는 것도 맺어지는 것도 헤어지는 것도 고다. 고에서 벗어나려면 세상에서 초탈해야 하며 자기 안의 탐욕을 지워야 한다. 그러나 고는 실체가 아니다. 고는 전생의 업, 윤회의 섭리로 발생하지만, 한 개인이 짊어지고 가는 게 아니라 연기의 산물임을 깨달아야 한다. 그리고 내가 아플수록 중생의 아픔이 덜하기를 바라는 것이 진정 고에서 벗어나는 길이다.

충분한 답변이었는지 모른다. 그러나 내게는 지나치게 함축적이라고 느껴졌다. 어제 저녁 레스토랑에서 만난 이스라엘 여행자의 발언이 뇌리

790년, 티베트의 왕을 상좌에 모시고 중국승 마하연과 인도승 카밀라실라는 논쟁을 벌였다. 마하연은 불사 不思, 부관不觀의 좌선을 수행하면 부처가 되어 윤회의 속박에서 벗어날 수 있다고 주장했다. 그러나 카말라실라는 자신만을 위해 열반을 추구해서는 안 되며 자비로 이타를 행하고 깨달음을 지향해야 부처의 가르침을 올바로 따르는 것이라고 강조했다. 오늘의 관점에서 풀이하면 관념론 대 실천론의 대결이었다. 왕은 인도 승려의 손을 들어주었으며, 그 후 티베트는 탄트라 계통의 인도불교와 자신들의 샤머니즘적 심성을 결합해 고차원의 라마불교를 창조해냈다. 보살로 번역되는 보디사트바에서 보디는 '궁극적 실재에 대한 지혜'를 뜻하며, 사트바란 '대자비심을 일으키는 자'라는 의미다.

에 남아 있어서인지도 모른다. 그도 어제 법당에 있었는데 '달라이 라마 티칭'에 매료되었다고 상기된 얼굴이었다. 그러나 이어지는 말이 거슬렸다. 그는 주변의 아랍 국가들이 이스라엘에 적의를 가지고 있는데 달라이 라마의 설법을 들으며 마음의 위안을 얻었다고 말했다. 이야기를 길게 나누지 않았으니 그 이상의 사정을 알지 못한다. 다만 달라이 라마의 '티칭'이 역사적 맥락을 추상화하는 안이한 진정제로 기능하는 것은 아닐까라는 의구심이 들었다.

현재 자아를 환상이라 설파하는 불교의 가르침은 개인주의적 성향을 지닌 서양의 많은 젊은이들에게 폭넓은 반향을 일으키고 있다. 특히 비의적 가르침을 지닌 라마불교, 선불교, 탄트라불교의 약진은 두드러진다. 그리스도는 아직도 열대의 빈자들을 위로하고 있지만 석가모니는 이제 북반구의 부유층들을 매혹시키고 있다. 나는 그런 동서양의 포용 속에서, 그리고 이스라엘 여행자의 위안 속에서 거대한 오해가 감춰져 있지는 않은지 생각하는 것이다.

불교는 서양의 일신교와 비교하건대 분명히 다르다. 불교는 독단적이지 않으며 명령하지 않는다. 기독교적 금언도 고해성사도 없지만, 불안과 방황에서 벗어나는 길을 가르치고 탐욕과 집착, 이기주의의 미망에서 벗어날 균형의 교리를 내어준다. 그러나 그렇게 불교는 새로운 심리치료술이라는 효용을 갖는다. 정신없는 세계화의 정신적 보완물로 기능할 수 있다. 더구나 불교는 미학적 순수주의를 띠고 있으며 영혼을 치유하는 섬광처럼 즉각적으로 계몽을 약속해줄 것만 같다.

물론 그런 식으로 서양화된 불교는 불교가 아니라 아시아적 탈을 쓰고 이국풍으로 장식된 인스턴트 종교에 불과할 것이다. 만능열쇠처럼 여러 정신적 질환을 달래주는 치유책이다. 어떻게 단념의 교리가 세속적 욕망의 사회를 유혹할 수 있는가. 그것은 단념을 단념함으로써, 예민한 정신이 소화하기 쉽도록 가공하여 단념의 교리를 나눠주기 때문이다.

종교 시장의 상석에 앉다

한 여행자가 달라이 라마에게 물었다.

"애완견을 키우는데 새끼를 갖지 못하게 하면 업을 짓는 것인가요?"

좌중에는 웃음이 번졌지만 내 안에서는 어떤 금이 갔다. 그 물음에서 달라이 라마가 어떻게 받아들여지는지 혹은 소비되는지를 직감했기 때문이다. 부러 던진 발랄한 질문일 수도 있겠지만, 달라이 라마 앞에서는 왜 저토록 미숙해지는가. 어수룩한 질문을 던져 자신의 순진함을 확인하려는 것인가. 달라이 라마 앞에서라면 그래도 될 것처럼 느끼는지 모르겠다. 어린 시절 잠들기 전에 어머니는 가만가만 요람을 흔들며 옛날이야기를 들려준다. 그러다가 아이는 슬며시 옛날이야기에 대한 꿈으로 접어든다. 그의 설법은 그렇게 나른하게 들릴지도 모르겠다.

확실히 달라이 라마는 상품화되었다. 특히 1989년 노벨평화상 수상 이후 달라이 라마에게는 세계적 보증이 붙었다. 달라이 라마에게 붙은 상업적 인장은 그의 정신적 깊이와는 무관하다. 그리고 내친김에 말하자면 맥그로드 간즈는 달라이 라마와 티베트 망명정부의 존재로 인해 기묘하게도 관광지로 부상할 수 있었다. 더구나 리시케시에서 맥그로드 간즈로 이어지는 길은 북인도의 주요 관광 루트다. 그 길에서는 힌두교와 힌두교에 반발하고 나온 불교를 동시에 접하며 인도와 동양의 정신을 소비할 수 있다.

달라이 라마는 비의적인 문화, 경이로운 전통을 간직하고서 우리에게 본질적인 진리를 계시하고자 히말라야에서 내려온 아시아의 모세다. 그러나 시간이 지나면서 그는 세속적인 구루로 변모해갔다. 애완견 임신중절 수술부터 부부관계, 식이요법에 이르기까지 생활의 직접적인 문제에 관해 답변을 요청받는다. 그는 관용과 친절로 모든 물음에 답한다.

그리고 그는 싱그레 웃는다. 그 웃음에서는 다른 사제들이 범접할 수 없는 정신의 비상이 엿보인다. 그리고 그 웃음이야말로 종교 시장에서 엄숙한 기독교의 사제와 대비되어 달라이 라마가 갖는 확실한 강점이 된다. 그는 마케팅의 산물이 되고 지혜와 고요를 전문적으로 파는 행상인이 되어 세계를 유목하며 파안대소로 이곳저곳의 문제를 중재한다.

다시 말하지만 이것은 달라이 라마의 정신적 깊이와 무관한 이야기다. 달라이 라마 자신의 뜻과도 상관없을지 모른다. 그러나 이런 수용 방식이 존재한다는 사실을 부정하기는 힘들다. 달라이 라마는 티베트 사태를 앞에 두고 신산을 씹으면서 비폭력을 입에 담았겠지만, 마하트마 간디나 마틴 루터 킹이 비폭력을 설파할 때의 역사적이고도 윤리적인 울림과는 달리 티베트의 현실에서 유리되어 수용되었다는 혐의가 있다. 그가 해탈을 설파하면 그것은 개인 차원의 구원으로 이해된다. 서양의 제자들에게 그는 종교의 슈퍼마켓에서 따분한 교황, 목사, 랍비들을 물리치고 최고 상석에 올랐다.

소비되는 티베트

달라이 라마는 티베트의 정신을 알리러 왔지만, 서양의 수요에 맞춰 그 스스로가 우상에 가까운 숭배의 대상이 되었다. 달라이 라마와 함께 라마불교를 향한 관심도 고조되고 있다. 라마불교는 외부와 격절된 독특한 환경 속에서 피워낸 정신문화다. 그러나 달라이 라마의 가르침이 정치적 맥락에서 탈각되어 달콤하게 소화되듯이 라마불교, 라마불교를 낳은 티베트도 낭만적 대상으로 묘사된다.

티베트는 아주 오랫동안 고대의 지혜를 찾아 나서는 여행자들의 이상향이었다. 그리고 지금은 불교와 명상에 관심이 없는 이들에게도 여러 매체를 통해 신비로움을 간직한 평화의 땅으로 인식된다. 티베트에서 시간은 멈춰 선다. 바람은 거친 산야를 지나간다. 사람들은 때 묻지 않고 순박하다. 대화를 나눌 수는 없지만 주고받는 미소만으로도 영적인 교감이 가능할 것 같다. 티베트에서야말로 안식을 구할 수 있다. 그러나 그 안식이란 개인의 상상적 도피이거나 집단 환각일지 모른다.

베르나르 베르베르의 『여행의 책』에서 일구를 인용해본다.

　이제 우리가 다다른 곳은 세계의 지붕이라 불리는 티벳이다. 라마승들의 도시인 라사가 저기 보인다. 이곳에선 승려들이 긴 나팔을 분다. 그 소리가 주위의 공기를 진동시킨다. 그 울림이 자못 장중해서 마치 대지의 음성을 듣는 듯하다. 라마승들이 커다란 방에 모여 좌선하고 있다. 저렇게 많은 사람들의 넋이 한꺼번에 날아오르는 것은 일찍이 본 적이 없을 것이다.
　찌르레기 한 무리가 일제히 날아오르는 형상이다. 저들은 옛날부터 정신의 비행을 자유자재로 해왔다. 저들의 정신은 마약 따위를 사용하지 않고도 집단적으로 날아올라 구름 위에서 회동한다. 저들을 보라. 새처럼 나는 저 정신들을 보라. 저들은 뭔가 대단한 일을 해내고 있다는 생각조차 하지 않는다.

여기서 티베트는 지상 속에서 하늘에 가장 가까우며, 티베트 민족은 인간 정신의 아득한 심연으로부터 밑바닥을 박차고 높이 비상하여 최고 경지로 고양하는 민족으로 묘사된다. 모든 것을 평준화하는 세계의 추세에서 티베트인이 영위하는 독특한 정신의 깊이와 높이는 존중받아 마땅하다. 그러나 그런 정신은 혹독한 환경과 정치적 상황에서 연마된 것이다. 그런데 기아선상에 선 아이와 아이의 엄마가 이민족의 소매에 매달려 일용할 양식을 구해야 하는 척박한 상황도 서양인의 필터를 통과하면, 그저 가난 속에서도 순박함을 잃지 않고 살아가는 것으로 처리된다. 대신 이방

과거 라싸의 모습(위)과
티베트 전통 가면극(아래).

인은 티베트에서 장려한 사원과 수많은 불상을 보며 눈은 최고의 사치를 경험하고 감흥은 원하는 대로 증폭시킬 수 있다.

불법을 경청하는 이 현장에서 나는 의뭉스러운 생각에 젖어든다. 달라이 라마의 정신세계와 그를 둘러싼 의미의 자장, 그리고 그것들에 대한 소비의 양상은 구분해서 사고해야 한다. 달라이 라마는 서구에서 매체적 성공을 거두었다. 그러나 티베트의 거친 현실에 대한 그의 정치적 메시지는 전달되지 않고 있는지 모른다. 그는 불교를 서구 사회에 소개하고 감미롭게 가공하는 존재가 되었는지 모른다. 그리하여 달라이 라마는 현실 정치를 떠난 종교적·정신적 구루가 되었으며, 그처럼 탈정치화된 종교적 각색 덕분에 서구에는 티베트의 정치적 존재감을 잊지 않는 역설적 구조가 마련되고 있다.

발언의 정치적 함량

빵과 수유차가 배급된다. 오늘은 컵을 챙겨왔다. 어제 같은 자리에서 만난 할머니는 오늘도 빵을 떼어주신다. 말은 통하지 않지만, 웃으면서 계속 권하시니 오늘도 선물을 외면하기는 어렵다.

오늘은 빵과 차만이 아니다. 승려들은 회중 사이를 돌며 빳빳한 100루피를 이 사람 저 사람에게 나눠준다. 이곳은 단순한 법당이 아니며, 법회는 그저 법문을 듣는 자리가 아니다. 이곳은 망명정부에서의 중요한 행정과 복지의 기능을 담당하고 있다. 그런데 숱하게 모인 회중들 가운데 대체 어떤 기준으로 사람을 선별해 돈을 나눠주는지는 알 수 없다. 나눠주는 액수도 달랐지만, 못 받는다고 서운해 하는 사람이 없는 걸 보니 어떤 메커니즘이 있는 모양이다. 내게는 보이지 않는다.

주위를 돌아보니 진지하게 메모하는 이들도, 집에서 일감을 가져와 뜨개질을 하는 이들도, 졸고 있는 이들도 있다. 어제는 달라이 라마에게 시선을 빼앗겨 별로 주위를 돌아볼 여념이 없었다. 여행자 말고는 나이 지긋하신 분들이 대부분이었다. 서울의 종묘공원에서 보았던 나이 드신 분들의 종교 집회와는 분위기가 사뭇 다르다. 나는 그 자리에서 무기력과 적의를 느낀 적이 있다. 이곳에서는 평온이 감돈다.

달라이 라마는 설법을 하다 말고 선풍기를 점검하고 있다. 한 청중은 2008년 3월 10일의 사태를 어떻게 겪었는지 물었다. 귀담아들을 대목이다. 소위 티베트 사태라고 불린 당시의 저항과 탄압에 대해 달라이 라마가 무엇을 생각하고 어떻게 행동했는지가 궁금한 사람은 나뿐만이 아닐 것이다.

그는 3월 10일을 앞두고 라싸로부터 연락을 받았다. 데모를 하려고 사람들이 모이고 있다는 소식이었다. 그는 슬픔을 느꼈다고 했다. 희망 없는 슬픔이었다. 1959년 티베트 봉기가 일어나 대규모 학살로 이어진 상황이 재연되지 않을까 두려움을 느꼈다. 그래서 마음의 자비심을 잃지 않도록 수행을 했다. 용서하는 마음을 구하고 타인의 고를 대신 받겠노라고 마음 먹었다. 자신의 고행이 직접적인 보탬은 되지 않을지도 모르지만, 자신에게서 악업을 살피고 윤회의 섭리를 성찰하려고 했다. 용서와 자비는 행위자가 있어야만 행이 될 수 있다. 타인의 악행을 막아야 하며, 만약 악행이 발하더라도 자비로 대해야 한다.

이게 그의 응답이었다. 나는 이번에도 허전하게 느껴졌다. 정치적으로 민감한 대목이어서 구체적인 대답을 피해간 것일까. 물론 그가 중국 공산당에 관해 함구한 것은 아니었다. 오늘의 법문 중에도 중국 공산당은 자기 머리에 뿔이 달려서 자신을 싫어한다고 우스갯소리로 말했다. 즉 탄압받아야 할 이유가 없는데도 탄압하고 있다며 에둘러 비판한 것이다. 그러나 그는 중국 공산당과 중국인을 나눠 이야기했다. 중국의 시민이나 지식인을 만나보면 티베트 문제에 관심을 갖는 사람들이 많다고 종종 강조했다.

그에게서 티베트 사태에 관한 분명한 견해를 들을 수는 없었다. 그러나 생각해보면 그 모호함이야말로 오히려 의미하는 바가 있었다. 그는 아슬아슬한 위치에 있다. 그는 자신의 발언과 행동의 정치적 함량을 늘 의식해야 한다.

티베트 독립과 이중적 동양상

현지인만이 아니라 아마도 이곳까지 찾아온 대부분의 여행자들 역시 티베트의 독립을 지지하고 있을 것이다. 그러나 달라이 라마는 정치적 이슈가 나와도 티베트 독립에 관한 명시적 입장을 밝히지 않았다. 그것은 그가 저 역설의 한복판을 살아가는 존재이기 때문이다. 그것은 판단의 문제인 동시에 책임의 문제이고, 한 개체의 견해에 그치는 것이 아니라 외교적 무게를 갖기 때문이다.

나로서는 그와 달리 외부자로서 티베트 독립의 문제에 대해 판단하려면 나름의 사고의 절차가 필요하다. 이번에 티베트행을 준비하며 알게 된 사실이 있다. 원래는 2006년 개통된 칭짱 열차를 타고 베이징에서 라싸로 들어갈 계획이었다. 그러나 계획은 뜻대로 풀리지 않았다. 다만 여행을 준비하는 과정에서 칭짱 열차가 개통되고 나서 나와 같은 관광객들이 폭증했는데 그것이 티베트인에게 경제적 혜택으로 돌아가지 않았다는 사실을 알게 되었다.

칭짱 열차가 개통되고 관광객들이 대거 유입되자 티베트의 지가는 폭등했다. 칭짱 열차의 등장과 함께 한족의 이주도 가속화되었다. 티베트는 출입이 제한되어 있어 여행자들은 베이징, 칭다오, 시안 등지에서 자본력이 앞선 한족의 여행사가 제공하는 패키지 상품을 구입해 티베트에 들어가는 경우가 많다. 또한 티베트에 들어가도 티베트인의 영어 보급률이 현저히 낮기 때문에 영어가 통하는 한족 청년들에게 가이드 일을 맡긴다. 식사를 하더라도 라싸의 식당 가운데 2퍼센트만이 티베트인의 소유다.

대신 티베트인들은 유목의 삶을 버리고 초원을 떠나 라싸로 들어와 웨이터, 인력거꾼, 청소부, 접시닦이, 기념품 판매원으로 전전한다. 라싸의 총인구는 20만이 채 안 되지만, 몰려오는 관광객은 1년에 400만 명이 넘는다. 라싸의 티베트인들은 1년 내내 청소하고 인력거를 몰고 접시를 닦는다. 그러고는 푼돈을 받는다. 티베트는 그렇게 중국의 내부 식민지가 되었다. 많은 외부의 언론은 그 사실을 지적하고 있다.

그러나 나는 다음의 사실도 알고 있다. 그것은 티베트를 내부 식민지로 인식하더라도 그것이 티베트 독립에 대한 요구로 바로 직결될 수 있는가라는 문제와 관련된다. 중국 공산당이 티베트를 무리하게 병합하고 티베트인을 억압해왔다는 사실과 티베트를 봉건 상태에서 해방시켰다는 사실은 역사 속에서 공존하기 때문이다.

티베트는 중국 전체 영토의 사분의 일에 이르는 광범위한 지역이다. 그러나 땅의 대부분이 고원인 까닭에 바깥의 물자 공급에 의존해야만 했다. 한 시기 강력한 중앙아시아의 패자였던 토번국은 원나라 그리고 청나라 시절에 속국으로 조공관계를 유지했다. 티베트가 티베트로 명명된 것은 1663년 강희제 시대의 일이며, 이후 청나라가 기울고 항일전쟁과 국공내전으로 중국 대륙이 구심력을 잃자 티베트는 독립된 정부 형태를 취했다. 결국 티베트는 중화 제국과의 역학관계에 따라 독립성이 좌우되어왔다. 1949년 국공내전에서 패배한 국민당은 타이완으로 도주했고, 공산당은 중국을 통일하고 나서 1950년 10월 티베트에 대한 종주권을 주장하며 티베트에 진격해 이듬해 병합해버렸다.

중국 공산당은 티베트를 병합한 다음 토지개혁을 단행했다. 정교일체 사회라서 사원이 독점하던 토지를 무력으로 빼앗아 토지를 소유할 수 없었던 티베트 민중에게 나눠주었다. 이것은 폭력을 동반한 몹시 격렬한 과정이었다. 그 이후로 티베트는 지금까지 자치구라는 불분명한 형태로 중국 영토의 일부로 남아 있다. 그리고는 착취와 지원, 개발과 탄압의 몹시 복잡한 관계로 뒤얽혀왔다.

따라서 외부인으로서 티베트 독립에 관한 견해를 가지려면 복잡한 역사적 시점이 필요하다. 그러나 나는 티베트 독립을 주장하는 시각에서 한 가지 위험한 경향성을 느낀다. 거기에는 서양인들이 지닌 동양상이 스며들어 있다. 티베트에 서양인들이 정치적 관심을 갖는 데는 티베트인에 대한 중국 공산당의 탄압이 역사적 계기가 되었다. 그리하여 그 틀에서 중국 공산당과 티베트 내지 라마불교는 대비를 이룬다. 중국 공산당은 독재 정부며 전체주의적이고 경직되어 있으나 티베트는 창공에 가까우며 자유롭고 열려 있다. 중국이 남성적이라면 티베트는 여성적이다.

그것은 동양과의 조우 이래 이어져온 동양에 대한 오랜 양가감정이 중국과 티베트에 분산 배치된 것처럼 보인다. 그 프레임 속에서 티베트인들은 순수하고 선량한 존재로 그려지지만, 중국인들은 주체성을 갖지 못한 채 정부에 조종당하나 약자를 멸시하는 모습으로 이미지화된다. 그러나 그때의 중국인이 누구를 가리키는지, 중국인과 티베트인의 구체적 관계가 무엇인지는 이 구도 속에서 가려지고 만다.

가령 2008년 티베트 사태 직후 쓰촨에서는 대지진이 발생했다. 티베트 지역에도 지진 피해가 이어졌다. 그리하여 티베트는 중앙정부의 구호 활동을 필요로 했다. 중국의 내부 상황에서는 한족 대 티베트족이라는 구도로는 파악할 수 없는 역학관계와 길항관계가 분명히 존재할 것이다. 그 복잡한 조건을 외면한 채 외부인이 감상적으로 티베트 독립을 입에 담는다면 실상황 개선에 보탬이 되지 않으며, 자칫 자신의 정치적 올바름을 과시하는 것에 불과할지도 모른다.

더구나 티베트 독립에 관한 논의들을 접하다보면 때로 티베트 문제는 티베트의 문제가 아니라 중국 문제를 건드리는 소재처럼 다뤄진다는 인상도 받는다. 미국과 서유럽 국가들은 인권이라는 잣대를 들이밀며 중국 때리기에 나선다. 그때 티베트 문제는 독자적인 문제가 아니라 중국을 비판하거나 중국위협론을 부각시키기 위한 한 가지 사례로 기능한다. 한편 인간을 속박하는 물질문명을 종교적으로 순화해줄 구원처로 티베트가 묘사될 때 티베트의 독립은 국제적 이슈가 되지만, 그만큼 혹독한 환경에 처한 무슬림의 땅 신장에는 거의 관심을 보이지 않는다. 나는 거기서 서구적 편향을 본다.

팔졸링 티베트 난민 캠프

두 달 전 티베트에 들어가려고 출발했지만 결국 일이 순조롭게 풀리지 않아 동선을 라오스로 꺾었다. 그 후 한 달 반이 지나 네팔의 포카라에서 행상을 하는 한 티베트인을 만났다. 그녀의 이름은 푼척 왕모였다. 그녀 역시 1959년에 티베트를 떠나 네팔에 왔다. 그리고 반세기 동안 수공예품을 만들어 내다 팔며 생계를 꾸려왔다. 보따리를 메고 거리를 다니다가 관심을 보일 것 같은 여행자를 보면 팔찌, 목걸이 등을 꺼내놓는다. 나는 그녀

티베트 시민 증서.

를 식당에서 만났다. 그녀는 옆자리에 앉아 고단함을 달래고 있던 참이었다. 외국 여행자를 자주 상대했던 까닭이겠다. 그녀에게 눈인사를 보내니 말을 붙여주었다.

사실 우리는 서로에게 원하는 게 달랐다. 그녀는 내게 목걸이를 팔려고 했고, 나는 티베트 난민 캠프에 거주한다는 그녀의 이야기에 솔깃했다. 그녀는 내게 자기 마을로 가보자고 권했다. 하지만 이미 그날 아침에 가이드북에 나온 다른 난민 캠프를 방문한 터였다. 그녀는 그곳은 가짜며 자기 마을이 진짜라고 강조했다. 아침에 내가 다녀온 난민 캠프의 땅은 네팔 정부가 내어주었지만, 자신들의 캠프는 원래 중국에 맞서는 군사기지 자리였는데, 티베트인들이 돈을 모아 토지를 구입해 지금은 자치적으로 운영한다는 것이었다.

전날 안나푸르나에서 내려온지라 느긋하게 페와 호수나 거닐 작정이었지만, 그런 기회를 놓칠 수는 없었다. 그녀의 마을로 함께 갔다. 그곳의 공식적인 이름은 팔졸링 티베트 난민 캠프Paljoring Tibetan Refugee Camp였다. 확실히 아침에 들렀던 정돈된 캠프와는 달랐다. 망명자들의 땅은 억척스럽고 또한 평화로웠다.

그녀는 자신의 집으로 초대했다. 수유차와 빵을 대접받았다. 그녀 역시 그 스님처럼 당신의 이야기를 이것저것 들려주었다. 내가 여행자인 탓일까. 이동의 자유에 관한 말씀이 많았다. 그녀에게는 네팔 시민권이 없다. 만약 그녀가 네팔인과 결혼한다면 네팔 시민권을 취득할 수 있다고 했다. 반면 남성의 경우라면 네팔인과 결혼해도 시민권을 얻지 못한다. 그러나 그녀는 네팔인과 결혼하면 더 이상 '퓨어 티베티안'이 아니라고 강조했다. 대신 그녀는 맥그로드 간즈의 망명정부가 발급하는 시민 증서를 가지고 있다. 하지만 역시 네팔 시민권이 없는 탓에 외국으로 나가려면 절차가 복잡하다.

그녀는 나의 여정을 물었다. 중국에서 왔다고 하니 라싸를 들렀냐고 묻는다. 혼자 가기가 쉽지 않았다고 말했다. 네팔에서 인도로 넘어갈 예정이라고 말하니 그러면 맥그로드 간즈에 가냐고 묻는다. 갈 계획이라고 답했다. 그녀의 눈에 아련한 그리움 같은 게 묻어난다. 그녀는 금생에는 고향으로 돌아가지 못할 것이며, 달라이 라마가 있는 맥그로드 간즈에도 가기 어려운 형편이다. 경제적 사정이 여의치 않아 이제껏 네팔은 주로 인도로부터 지원을 받았는데, 마오주의 정권이 등장하고 나서는 중국으로 기우는 중이며 티베트 난민 캠프에 대한 정부의 지원도 줄었다고 한다. 이제 전력은 하루에 여덟 시간만 공급된다.

전기는 진즉에 끊겼고 날은 어두워졌다. 장거리 버스를 타고 인도로 돌아갈 시간이 되었다. 내 가방에는 목걸이가 두 개 들어 있었다. 그것이 그녀가 그날 판매한 목걸이의 전부였다.

달라이 라마와 정치 감각

구체적 상황에서 내게 가능한 일이란 목걸이를 사드리는 것뿐인데, 티베

푼척 왕모 씨의 방 안에 놓인 달라이 라마의 사진.

트 독립에 대한 판단은 너무 거창한 일이었다. 내가 인식한다고 현실을 1밀리미터라도 움직일 수 있는가. 그러나 그 말은 인식을 포기해야 한다는 뜻이 아니다. 자신의 현실적 왜소함과 무력함을 인정하고 거기서 출발해야 오히려 대상과의 실천적 인식에 도달할 수 있다는 의미다. 나는 그렇게 생각한다. 이것이 여행하는 동안 내 안에서 자란 한 가지 윤리다.

그녀의 방에는 한쪽 벽면에 포탈라 궁의 그림, 다른 쪽 벽면에는 달라이 라마의 사진이 있었다. 그녀의 방에 들어가자 그녀는 달라이 라마의 사진에 합장을 했다. 그 모습은 엄숙했으며 평화로웠고 아름다웠다. 그러나 한편으로는 불안감을 느꼈다. 달라이 라마는 위대한 구도가이며 한 민족의 지도자이나 그는 그렇게 한 사람의 인간이다. 달라이 라마 역시 인간으로서 유한한 삶을 갖는다. 지금의 달라이 라마가 이승을 떠나더라도 다시 환생할지 나는 알 길이 없지만, 사회 체계가 아닌 한 개인에게 너무나 많은 하중이 실려 있다는 게 자못 불안하다. 달라이 라마에게 어떤 일이라도 생긴다면, 이 민족은 대체 어떻게 될 것인가. 물론 지난한 역사 과정에서 그래왔듯이 생존해갈 것이다. 그러나 내게는 달라이 라마의 넓은 품, 그를 향한 티베트인들의 간절한 동경이 불안하게 느껴지기도 한다.

그리고 오늘 달라이 라마의 설법을 듣고 있다. 다행히 그는 활기차다. 이제 설법은 끝을 향해 가나, 그는 잔잔한 미소를 잃지 않는다. 결국 그에게서 티베트 사태에 대한 정치적 견해는 듣지 못했다. 그는 바깥의 정치적·사회적 사태들을 자신의 너른 품 안으로 들이고 그것을 구도의 형태로 다시 바깥의 현실 세계를 향해 꺼낸다.

그런 들숨과 날숨, 환원과 발산으로 일궈진 그의 묘한 정치성은 현실 정치의 장에서 이해하기가 쉽지 않다. 중국 공산당의 압력, 내부의 당파 투쟁, 중국 내 다른 소수민족과의 긴장, 인도와의 외교관계, 서방의 요구, 매스미디어, 대중의 수요, 구도와 세속화, 종교와 정치의 관계 속에서 그의 정치 감각은 얼마나 복잡하게 단련되어 있을까. 나에게는 그것을 잴 길이 없다.

이틀 동안 이어진 설법은 진언과 당부의 말로 마무리된다.

"오늘의 말씀을 잊지 않도록 하십시오."

델리, 여행자의 윤리

다리 상처

다리의 상처 부위가 검붉게 부어오른다. 안나푸르나에서 달고 온 부상이다. 사진을 찍으려다 균형을 잃었는데 카메라를 지키느라 몸을 보호하지 못했다. 트래킹이 연일 이어져 치료를 받지 못했다. 찰과상 정도인데 대수겠느냐는 안이한 생각도 있었다. 안나푸르나에서 하산한 후에도 별로 신경을 쓰지 않고 돌아다녔다. 인도로 내려와 하이드와르 역 근처에서 어떤 장면을 보고는 치료를 서둘러야겠다고 마음먹었다.

역 맞은편 도로변에 한 사람이 앉아 있었다. 여러 사람이 앉아 있었지만, 한 사람에게만 시선이 멈췄다. 그러나 얼굴보다 다리가 먼저 눈에 들어왔다. 구걸하며 다리를 내놓고 있었는데 뭔가 이상했다. 왼쪽 다리가 분홍 빛깔이었다. 자세히 보니 그의 피부는 생체 실험 도중에 뛰쳐나온 피실험자처럼 무릎부터 발목까지 완전히 벗겨져 지방이 드러나 있었으며 거기로 진물이 흐르고 있었다. 그는 오른손을 다리로 가져가더니 진물을 손으로 훑어 바닥에 뿌렸다.

어두운 가로등 아래 길 건너편 사람의 다리 피부가 벗겨졌다는 사실을 알아차리는 데 5초 정도 걸렸을까. 그 사실을 알게 되자 순간적으로 고개를 돌렸다. 다시 상황을 확인하고 싶은 충동과 외면하고 싶은 마음이 동시에 일었다. 결국 고개를 돌리지는 못했다. 그러나 짧은 순간이었는데도 장면이 기묘하고 걸인의 표정이 생생해서 뇌리에 깊게 박혔다. 걸인은 곱슬곱슬한 머리카락이 철수세미처럼 엉켜 있었고 얼굴의 양쪽 균형은 뒤틀려 있어 추상 인물화처럼 보였다. 움푹 팬 오른쪽 볼로 그가 야릇하게 흘리는 미소가 고이고 있었다.

그의 주위는 그저 어수선한 일상이었다. 내게는 강렬한 시각적 충격이었지만, 걸인일 뿐 주위의 누구도 그를 신경 쓰지 않았다. 그가 튀겨내는 진물은 어떤 소독액이나 성수로도 씻어내지 못할 오염되고 위험한 것처럼 느껴졌지만, 주위 사람들은 아랑곳하지 않았다. 북적대고 소란스러웠을 뿐이다. 그래서 더욱 으스스했다. 저 상태가 되도록 방치되어 있었다면, 죽음을 맞이할 때까지도 방치될지 모른다.

그렇게 불과 수초 동안 바라본 걸인의 모습이 선명하게 각인된 까닭은 내 다리가 성치 않기 때문이었을 것이다. 되는 대로 빨리 치료를 받으러 가야겠다고 생각했다. 그러나 바로 병원이나 약국을 찾기보다 먼저 그 도시를 뜨고 싶었다. 수시간 버스를 타고 리시케시에 도착해서야 호텔에 짐을 풀고 약국부터 찾았다. 약국에서 소독약과 연고를 달랬더니 즉석에서 약을 개봉해 발라주었다. 약값에다 진료비까지 얹어주어야 했으니 상술이 좋다 싶었지만 가릴 처지가 아니었다. 약사는 주홍빛 소독약을 쥐어주며 하루에 두 번씩 정성껏 바르라고 당부했다.

그리고 일주일이 지났다. 그런데 다리는 점점 부어올랐다. 맥그로드 간즈에 가서야 병원을 찾았다. 의사는 다리를 보더니 대체 어떤 약을 바르고 다녔기에 이 상태냐고 물었다. 호텔에서 소독약을 가져와 보여주었더니 그건 소독약이 아니라 화상약인데 그것을 바르고 다녔냐고 다그쳤다. 아마 상황은 이러했을 것이다. 약국에서 내가 액체 소독약을 요구하자 그것이 없던 약사는 아무것이나 액체로 된 약을 꺼내준 것이다. 그러고는 그 자리에서 발라주기까지 했던 것이다. 병원에서 치료를 받느라 맥그로드 간즈에서도 예정보다 길게 머물러야 했다. 그리고 그 상처를 델리까지 가져온 것이다.

거리의 풍경, 마음의 풍경

델리에 도착해 숙소를 잡으러 찬드니 초크로 향했다. 어둠이 깔리고 있었다. 그러나 거리는 정돈될 기미를 보이지 않았다. 아수라장이었다. 거리로 쏟아져 나온 사람들은 바쁜 걸음으로 서로를 스쳐 지나갔다. 상가에서는 어지러이 불빛들이 새어 나와 거리로 흩어졌다. 인파가 뿜어내는 열기로 공기는 혼탁했다. 이곳의 공기는 두터운 먼지로 덮여 있을 게 틀림없다.

비스듬하게 경사진 건물들의 어지러운 배치는 방문자를 불안하게 만든다. 잡상인들 틈으로 걸인은 쭈그려 앉아 구걸하며, 릭샤왈라는 앙상한 다리로 배부른 중년을 태우고 갈 길을 재촉하고, 그 북적대는 거리로 우람한 검은 소들이 끼어들고, 빨간 두건을 머리에 두른 사내는 비쩍 마른 어깨 위에 무거운 짐을 들쳐 메고 걸음을 서두른다.

맥그로드 간즈의 청명한 고지를 떠나온 뒤라서 더욱 대조되는가 보다. 델리와 비교하면 맥그로드 간즈는 방금 씻어낸 듯한 땅이었다. 졸다가 갑자기 악기가 산만하게 울려대는 오케스트라 무대의 한복판으로 끌려 나

온 느낌이다. 귀를 찢을 듯 울리는 금관 악기, 둔중한 소리를 내는 베이스, 소리를 지르는 플루트, 한숨을 쉬는 하프. 각각의 소리가 나를 움켜쥐려고 팔을 뻗는다. 나를 꼬집는다.

가엾은 정신은 당혹스러운 소리와 색상들의 혼돈 속에서 갈피를 잃는다. 하나에 집중할수록 전체를 파악하기가 힘들어진다. 머릿속에서는 폭죽이 터진다. 오는 만원 버스에서 잠을 이루지 못한 탓도 있겠다. 둥둥 떠다니는 느낌이다.

갑자기 범람하는 정보량을 감당하지 못해 늘어놓는 푸념임을 알고 있다. 사실 이런 혼돈의 밑바닥에서 풍요를 느낄 수도 있었다. 삶은 어차피 혼돈이며, 예술을 제외한다면 질서를 창조하려는 인간의 시도는 내숭을 떨며 삶의 조건을 부인하는 행위인지도 모른다. 더구나 이국땅의 혼란에서 해방감을 느낄 수도 있었다. 그러나 절룩거리는 다리에 무거운 배낭을 메고는 그럴 마음의 여유가 없었다.

이제 곧 숙소다. 카트만두에서 그리고 맥그로드 간즈에서 우연히 만났던 한국인 여행자가 깨끗한 호텔이라고 일러주었다. 그녀는 헤어질 때 이 집트를 갈 계획이라고 했다. 골목을 꺾어 들어가니 갑자기 어두워졌다. 바깥에서 본 호텔은 병동에 더 잘 어울릴 외관을 하고 있었다. 가로등이 깜빡깜빡 잠든다. 빛이 눈길을 돌린 땅에는 다시 미분화된 음산한 어둠이 침범한다. 호텔 옆 가로등 아래는 밀담을 나누기에 적합해 보였다.

몇 겹의 역사

찬드니 초크는 올드델리에 속해 있다. 뉴델리와 올드델리 중에 서슴없이 올드델리를 택했다. 올드델리는 고대의 도시다. 더구나 델리는 수도다. 인도의 수도라면 과밀한 게 당연지사. 과잉 인구는 저가의 노동력과 청결치 못한 서민가를 낳는다. 특히 올드델리는 인도와 파키스탄이 분리되면서 난민이 대거 유입되었으며, 지금은 지방에서 인구가 급속하게 흘러들고 있지만 도시계획이 따라가지 못해 슬럼화가 가속화되고 있다. 주택 부족, 물 부족, 교통 정체, 정전, 대기오염 등의 문제가 심각하다.

고시가지를 찾아오며 말쑥함을 기대한 것은 아니었다. 낡은 호텔에 머물면서 달빛이 비친 옛 성채를 바라보며 몽상에 젖기를 원하지도 않았다. 그러나 너무 혼돈스러웠다. 저 폐허가 고대의 사원인지 내버려진 토목 공사장인지 분간할 수 없었다. 그 혼돈은 공간의 혼돈일 뿐만 아니라 시간의 혼돈이기도 했다. 올드델리에는 과거들이 밀집해 있다. 올드델리의 올드는 몇 겹의 올드다.

고타마 싯다르타가 인도 평원을 거닐고 아소카 왕이 활약하던 시대에 이곳은 갠지스 중류의 도시에 비하건대 시골에 불과했다. 이곳 델리가 역사에서 거론되기 시작한 것은 13세기, 이슬람 세력이 중앙아시아로부터 남하해 이 땅을 지배하면서부터다. 이곳에 북인도 최초의 이슬람 정권인 노예 왕조가 성립됐다. 그러나 무슬림이 건설한 델리의 왕조는 광활한 인도에서 하나의 지방 세력에 불과했다. 지금처럼 인도의 중심은 아니었다.

델리 왕조는 시대에 따라 이곳저곳으로 옮겨 다니며 성을 세워 지금도 성터와 모스크 사적은 델리 곳곳에 흩어진 채 방치되어 있다.

15세기 말 바불이 이곳에서 선대의 로디 왕조를 무너뜨리고 무굴 왕조를 세웠을 때만 해도 대단한 세력은 아니었다. 그리고 무굴 왕조를 제국으로 이끈 악바르는 수도를 델리 바깥으로 옮겨버렸다. 그리하여 무굴 왕조의 전성기를 대표하는 유적은 델리 외곽에 있다. 샤 자한 통치기에 이르러서야 무굴 제국의 중추는 델리로 돌아왔다. 그러나 무굴 제국은 이후 쇠퇴의 길을 걸었다. 마라타 왕국 등에 영토를 빼앗기며 제국은 해체되어갔고, 1803년 마라타 세력에게 승리를 거둔 영국은 델리에 주둔지와 거류지를 건설했다.

그러나 역설적이게도 델리는 영국의 식민 지배 기간에 인도의 첫 번째 도시로 발돋움했다. 1857년 식민 지배에 맞선 최초의 대규모 항거인 세포이 항쟁이 일어나자 영국군의 인도인 용병은 델리를 장악하고 연금 수령자로 생활하던 나이 든 무굴 황제 바하두르 샤 2세를 명목상의 권좌로 복귀시켰다. 그러나 영국 군대는 반란을 진압하고 파괴된 시내를 영국인 거주 구역과 군용지로 복구시켜, 1870년대에는 델리가 영국령 인도의 요충지로 부흥했다. 그리고 1911년 영국령 인도의 수도는 콜카타에서 델리로 이전되었다. 그리하여 통치를 위해 새롭게 도시가 설계되면서 근대화된 '수도 델리'가 재탄생했다.

성과 속의 충돌

델리는 넓다. 그리고 깊다. 몇 겹의 역사가 깔려 있다. 그 역사의 깊이가 넓이를 더하고 있다. 도시를 거닐면 불과 몇 미터 간격으로 이질적인 건물들이 늘어서 있는데, 역사의 시간으로 따지자면 그 거리는 훨씬 더 멀어진다. 지리적으로 이웃해 있을 뿐 역사적으로는 인접하지 않는다. 각각의 건물들 사이의 차이와 관련성을 알려면 여행자에게는 대단한 배경지식을 요구할 것이다. 여기서는 무굴 양식, 저기서는 빅토리아 양식을 알아봐야 한다. 그 사이로 전깃줄이 어지럽게 늘어져 있다.

건물들이 촘촘하게 늘어선 도심가를 빠져나오면, 유적들은 양탄자 위로 뿌린 주사위처럼 흩어져 있다. 하나가 아닌 열두 개, 열세 개의 델리가 수 킬로미터씩 간격을 두고 평원에 산재해 있다. 유적이란 대개가 통치자의 흔적이다. 과거 델리를 지배한 자들은 집권하며 자신의 도시를 세울 때 이전 도시를 무너뜨려 건자재로 사용했다. 하나의 전통을 세우려는 욕망은 이전의 전통을 깨뜨리려는 충동을 수반했다.

가령 뉴델리 남쪽 외곽으로부터 15킬로미터 떨어진 평원에는 높은 탑이 우뚝 솟아 있다. 기저부의 직경은 14.5미터, 5층 중 밑의 3층은 적사암, 그 위는 대리석과 사암을 쌓았으며, 외벽에는 코란의 문구를 도안한 조각이 새겨져 있다. 높이는 72.5미터에 이른다. 꾸듭 미나르다. 12세기 말 이슬람 노예 왕조의 술탄인 꾸듭 우딘 아이바크는 힌두교도에 대한 승리를 기념하고자 이 탑을 세웠다. 동문에는 이런 명문이 자랑스럽게 새겨져 있

다. "이 모스크를 지으려고 스물일곱 개의 힌두 사원을 무너뜨렸다." 그리하여 시간에 마모되지 않는 돌조각은 형태를 바꾸며 시대마다 다른 역사를 형상화했다. 불멸을 꿈꾸는 전통은 역사의 지속을 단절시킨 위에서 성립되었다.

인도 여행에서 가이드북에 나온 명소들은 그다지 관심의 대상이 아니었지만, 델리에서는 그 지속과 단절의 흔적들을 따라 편력하기로 했다. 먼저 구시가지에 우뚝 솟은 자마 마스지드를 찾았다. 샤 자한 황제는 수도의 중핵을 이루는 이슬람교 예배당인 이 건물을 14년에 걸쳐 1658년에 완공했다. 자마 마스지드는 이슬람의 휴일인 금요일(자마)에 집단으로 예배드릴 수 있는 도시 중추의 회당(마스지드)이다. 내부의 광장에는 2만 5,000명 가량을 수용할 수 있다. 이 건축물은 색채와 구조 양면에서 탐방자의 구미를 만족시킨다. 언덕 위에서 적사암과 흰 대리석이 아름다운 대조를 이루고 있다. 흰색 대리석으로 된 둥근 돔 옆으로 적사암의 예배실 안쪽 벽에는 메카의 방향을 나타내는 미흐라브가 설치되어 있다.

그러나 거룩한 자마 마스지드는 과거 피로 물든 적이 있다. 1857년 세포이 항쟁 때 반란군은 여기서 최후의 항전을 벌였고 시내를 제압한 영국군은 이곳의 돌계단을 시체로 가득 메웠다. 꼭 그런 내력을 알고 있어서는 아니었다. 이곳은 성聖으로 속俗이 스며든 것처럼 보인다. 사원으로 향하는 길은 양고기 타는 냄새로 진동하고 사람들로 미어진다. 그리고 이슬람 사원임에도 불구하고 사원 앞에는 알라 이외의 신들이 즐비하게 진열되어 있다. 빨간 삼지창은 시바를 상징하며, 빨갛게 칠해진 제단은 락슈미를

뜻하며, 조약돌과 헝겊 조각 같은 제물들이 매달린 나무는 라마크리슈나의 현현이다. 각종 신상은 헐값에 판매된다. 조각들은 조잡해 보인다. 현실에 닿지 못하는 팻기 없는 예술이 대량생산되며 낳은 결과물이다. 그러나 저속하면서도 우아한 맛이 있다.

이곳은 이슬람과 힌두가 뒤섞여 있고, 긴장하고 충돌하는 장이다. 이슬람교는 우상을 배척하고 파괴한다. 모스크는 텅 비어 있으며 균형미를 강조한다. 반면 힌두의 사원은 잡스러운 것이 잉여를 낳는다. 이슬람은 성화聖畵를 부정하지만, 힌두의 사원은 인격적인 혹은 동물의 외양을 띤 모습으로 신들이 초상 속에 존재하고 있다. 이슬람은 유일신이지만, 힌두의 신은 얼마든지 늘어날 수 있다. 모스크의 텅 빈 공간은 신자들의 믿음으로 채워지지만, 힌두의 사원은 신이 그곳에 거처한다는 사실에서 외경스럽다.

신들만이 충돌하지는 않는다. 자마 마스지드의 계단에서 내려다보면 왼쪽은 힌두인의 구역이며, 오른쪽은 무슬림의 구역이다. 10년 전 라마단 기간에 무슬림이 힌두인의 지역으로 나오자 충돌이 벌어져 유혈 사태로 번졌다. 이곳만은 아니다. 인도는 파키스탄과의 사이에 그리고 자신의 사회 내부에 종교적 분단을 끌어안고 있다. 종교적 분단과 이념적 분단은 다른 것일까. 종교적 분단은 이념적 분단만큼이나 극복하기 어려우며, 이념적 분단은 때로 종교적인 양상을 띠기도 하다. 이념이 물신화되는 것이다.

대리석의 꿈

아그라행 기차에 오르려고 이른 새벽에 호텔을 나섰다. 인기척이 사라진 거리에는 커다란 까마귀들이 대신 아침을 기다리고 있다. 청소부가 거리를 쓸고 있다. 그러나 불과 한두 시간이 지나 아침이 밝아오면 인파가 거리를 메우고 거리의 혼돈은 다시 시작될 것이다. 물론 그것은 내 눈에만 혼돈인지도 모른다.

이제 향하는 아그라에는 종교적 융합을 꾀한 위대한 시대가 있었다. 악바르 대제의 통치 기간이었다. 그는 자신의 무덤으로 이름을 남긴 후마윤의 아들이며 자마 마스지드를 건립한 샤 자한의 할아버지다. 악바르는 영토를 넓히고 학문을 장려했으며 특히 이슬람교와 힌두교라는 다른 정신 세계를 통합해 새로운 종교를 창설하려고 노력했다. 그에게 특정 종교가 다른 종교보다 진실되다는 것은 진실일 수 없다.

악바르는 1569년, 지금의 아그라 평원에 파테푸르 시크리라는 제국의 수도를 건설했다. 그는 이곳에서 이슬람교와 힌두교만이 아니라 자이나교, 유대교, 기독교에 이르기까지 여러 종교들 사이의 공통분모를 찾고자 매주 각 종교 지도자들의 회합을 꾸려 토론을 벌였다. 파테푸르 시크리의 성벽 입구에는 예수의 가르침도 새겨져 있었다고 한다. "예수께서 가라사대, 세상은 다리와 같노라. 건너가거라. 다만 집을 짓지는 말라. 세상은 순간이며 미지이기 때문이다." 나는 이런 성경 구절이 생소한데, 어쩌면 인도의 정신으로 번역된 예수일지도 모르겠다.

그러나 오늘날 아그라가 유명한 것은 파테푸르 시크리 때문이 아니다. 타지마할 때문이다. 나 또한 타지마할을 보러 새벽같이 기차에 몸을 실었다.

타지마할은 대리석의 꿈이다. 수백 년이 지나도 부패하지 않는다. 건축물로 쌓아올린 문명은 켜켜이 퇴적되는 시간과 격투해야만 한다. 그러나 무굴인은 영원을 꿈꾸며 지상 위에 꿈의 궁전을 건설했다. 건설했다기보다 꿈을 그대로 베껴 옮겼다. 타지마할은 그토록 자주 이미지로 소비되었지만 닳지 않고 영원에 닿을 듯 웅장하게 버티고 있다. 그러나 시간 바깥으로 밀려난 것 같아 한편으로는 고독하고 서정적으로도 느껴진다.

타지마할은 샤 자한이 사랑했던 셋째 아내 아르주만드 바스베가무의 죽음을 애도하고자 세운 무덤이다. 사랑의 기념비다. 샤 자한은 세계 각지에서 막대한 양의 귀석貴石을 모으고 장인들을 불러들여 22년이라는 세월과 천문학적 비용을 들여 타지마할을 완성했다. 왕은 달밤에 자신이 건립한 천국을 감상했을 것이다. 그것은 건축물이라기보다 시와 음악의 영역에 속했으리라. 그러나 몽환 예술로 남아야 했던 것은 아닐까. 타지마할을 짓는데 무굴 제국의 국력을 쏟아부어 결국 나라가 기울었다. 샤 자한 자신도 이곳에 묻혔다.

진위를 알 수는 없지만 타지마할을 설계한 우스타드 아마드 로하리는 수피파의 꿈을 형상화해 타지마할을 신비한 지도로 제작했다는 설도 있다. 그 지도는 심판의 날을 수놓고 있다. 타지마할의 배치는 직사각형의 우주를 상징하며 중앙에는 심판의 날에 정직한 사람만이 건널 수 있는 천국을 향하는 통로가 놓여 있다. 알라의 가르침에 따라 최후의 날 모든 무덤에서는 사자가 소생해 알라의 심판을 받는다. 샤 자한은 타지마할에 묻혀 최후의 날까지 자손들로부터 보호를 받으며 왕비와 함께 잠들고 싶었는지 모른다.

물신화된 건축물

골격이 웅장하고 짜임새가 호화로우며 장식이 세련되었다. 대리석으로 레이스를 덮어놓았다. 타지마할은 분명 매력적이었다. 그러나 나는 흡족하지 않았다. 너무나 완벽하게 균형미를 뽐내고 있어 내 감상이 머무를 여지가 없었다. 대리석도 너무나 견고해 보여 내 해석이 스며들 여지가 없었다. 그 자체로 완벽했으며 내게는 그저 완벽할 뿐이었다.

아그라에 오기 전에도 타지마할의 이미지는 수차례 보아왔다. 그리고 아그라에 와서 사진을 찍으며 느꼈다. 타지마할의 완벽한 구도미를 담고자 프레임을 짜면 그것은 이미 범람하는 이미지와 다를 바가 없고, 만약 타지마할의 비례미를 제대로 살려내지 못하면 잘못된 사진처럼 느껴졌다. 매혹적인 경관을 마주하여 나는 사진으로 남기고 싶지만, 결국 타지마할에 압도된 나의 사진은 구태여 여기에 직접 오지 않아도 이미지로 얼마든 접할 수 있는 것들이었다.

나는 어떤 광경을 꼭 찍고 싶은 걸까. 대리석 바닥에 앉아 생각했다. 타지마할을 보고 있자니 지금처럼 완성된 모습이 아니라 쌓아 올라가던 미완성의 상태에서 저녁 노을빛을 배경으로 그 윤곽을 담을 수 있다면 그것은 정말이지 소유하고 싶은 사진이라는 생각이 들었다. 화백의 붓놀림에 창호지 위로 먹이 번져갈 때, 그렇게 생명이 형상화되는 순간이 아름답다. 그것은 이미 완성되고 난 작품은 아무리 탁월해도 가질 수 없는 아름다움이다.

그러나 내게는 불가능한 사진이었고 상상 위에서만 영사되었을 뿐이다. 늦은 기차를 타고 아그라에서 돌아왔다. 그리고 다음 날 과장된 균형미로 오히려 따분함마저 느끼게 만드는 건축물을 보았다. 아마도 그 건축물은 어떤 논증의 도움도 받지 않고, 오로지 건축물만으로 타종교를 섬기는 자와 무신론자에게 경외감을 불러일으켜 그들을 신앙으로 인도하려 했는지 모른다. 바로 바하이 사원이다.

건축물의 영문명은 로터스 템플이다. 이름 그대로 연꽃 모양의 사원이다. 깨달음을 뜻하는 연꽃 대리석으로 극도의 조화미를 추구했다. 그리고 연꽃이 피어나는 형상은 세계성을 표방한다. 사원의 맞은편에는 바하이교 전시관이 있었다. 전시관을 먼저 들렀다. 입구에서 다음과 같은 소개글을 읽을 수 있다.

바하이 신앙은 하나의 독립된 세계종교이며, 그 기원에 있어 신성하고 범위가 포괄적이며, 그 시야가 광대하며, 방법이 과학적이며, 가르침이 인본주의적이며, 인간과 지성과 감성에 미치는 영향력이 강력하다. 바하이

신앙은 하나님의 유일성을 지지하며 예언자들의 일체성을 인정하며 전 인류는 하나이고 전체라는 원칙을 가지고 있다.

보편성을 지향하는 특수성, 순수성을 지향하는 잡종성인가. 수사가 과도한 나머지 실체가 더욱 모호하게 느껴졌다. 전시관을 차분히 돌아보기로 했다. 바하이 신앙은 부처나 예수와 같은 모든 성인은 하나님의 뜻을 알리고자 헌신한 동등한 존재라고 여긴다. 그렇다면 그런 성인들의 계보를 이어 바하이교를 창시한 인물이 나올 차례다. 전시관을 왼쪽으로 돌면 그 최후의 화신인 바압에 대한 설명을 만날 수 있다.

바하이교는 노골적으로 세계종교를 지향하지만, 여느 세계종교와 마찬가지로 지역적 기원을 갖는다. 바하이교는 이란에서 출현한 이슬람계 신종교다. 문이란 뜻의 창시자 바압은 1844년 5월 23일 이란에서 자신이 새로운 정신의 선구자임을 선언했다. 바압의 가르침은 심오했으나 추종자가 많았다. 그러나 그는 정통파에게 이단으로 몰려 모진 박해를 받다가 1850년에 순교했다. 수만의 바압 추종자들도 잔인하게 학살당했다. 그러나 불과 한 세기 반 만에 바하이교도는 360개 이상의 나라와 영토와 섬에서 1,820여 개의 다양한 단체를 아우르는 세계 공동체를 건설했다. 전시판에는 그렇게 적혀 있었다.

바하이교의 역사 다음에는 바하이교의 지향이 이어서 소개된다. 바하이교는 인류의 평화통일, 전 인류의 형제화, 모든 종교의 통일, 진리의 독자적 탐구, 종교와 과학의 본질적 조화, 남녀평등, 모든 편견의 배제, 범세

계적 의무교육, 만국 보조언어 채택, 극단적 빈부의 철폐, 세계 사법기구 설립, 세계 평화, 모든 국가의 통합을 주장한다. 장황하고 추상적이며, 종교 단체보다는 국제 구호단체의 모토처럼 보였다.

인간 삶의 어떤 본질적인 고뇌와 모순, 그것이 종교를 낳는다. 바하이교에서는 그런 흔적을 발견하기가 힘들었다. 여러 역사적 종교의 토양에서 힘겹게 자라난 보편성의 무화과나무에서 따온 열매들만 가득했다. 그렇게 전시관 순회가 끝나갈 무렵에는 커다란 사진이 관광객에게 작별을 고한다. 그 사진 속에서는 여러 인종의 사람들이 맥락 없이 그저 환하게 웃고 있다. 거대한 조화와 화해만이 충만했다. 이런 것은 종교로서의 가치를 갖지 않는다.

삶의 모순과 고뇌가 걸러져 나간 교리를 집약하는 게 바로 저 로터스 템플이다. 전시관 안에서의 설명 가운데 바하이교의 유래와 목표가 절반이라면, 나머지 절반은 바하이 사원을 자랑하는 내용에 할애되어 있다. 전세계에 흩어져 있는 바하이 사원은 모두 숫자 9를 신성시하는 바하이교의 특성에 따라 구면체로 설계되었다. 선전용 영상물을 보면 사원들을 세운 건축공학적 기법에는 종교적 의미가 가득 담겨 있다. 바하이 사원은 첨단 기술과 공허한 종교적 교리의 집약체로 보였다.

바하이교에는 화신은 있지만 시바, 제우스와 같은 신적 형상은 없다. 대신 건축물이 물신화된다. 신처럼 경배의 대상이 된다. 전시관에서 나오며 『바하올라: 다가오는 세계문명의 창설자』라는 선전용 책자를 받았다. 책자의 제목과 표지 그림도 암시하고 있었지만 어쩌면 미래의 신은 인간의 형상을 떠나 첨단 기술에 기댄 건축물의 모습을 취할지 모른다. 아니 건축물의 물신화는 꽤 고전적인지도 모른다.

전시관에서 나와 로터스 템플로 향한다. 로터스 템플은 세계의 바하이 템플 가운데서도 가장 아름답다고 한다. 전시관에 즐비한 여러 상장들이 그 아름다움을 증명하고 있다.

"성당은 사람들의 가슴속에 신뢰, 안심, 평화의 마음을 일으킨다. 어째서인가? 거기에 조화가 있기 때문이다." 이 말을 한 사람은 로댕이었다. 그러나 조화미가 지나치다보면 내 마음이 머무를 곳을 찾지 못한다. 아름답고 고풍스럽지만, 탐방자의 마음은 그 대상 속으로 스며들지 못한 채 바깥에서 서성인다. 나는 그렇다. 허술해 보이더라도 내 상상력이 무게로 보태져 균형을 잡는 대상이 좋다.

몸은 사원 안으로 들어왔다. 사원 안에서는 한 가지 규칙만을 따르면 된다. 하나님이라는 절대자는 결국 모든 종교에서 동일하니 침묵을 지키며 각자의 신에게 기도하면 그만이다. 이런 규칙은 매력적이다. 그런데 자신의 신을 갖고 있지 않은 나는 무엇에 기도해야 하는가.

기도를 했다. 델리까지 오면서 스쳐갔던 종교적 흔적들, 한 인간이 남겨 수백 년의 시간 동안 이어지는 결정적 명상들에 존경을 표하고 싶었다. 그리고 또다시 나를 헤매이게 만드는 이 사회에 고마워하고 싶었다.

가난과 감정적 약탈

델리에서는 명소를 찾아다녔다. 그러나 여행은 점점으로만 찍고 다닐 수 없다. 공간상의 한 점을 찾아 이동하면 동'선'은 그야말로 선을 그리게 된다. 그리고 그 선 위에서 예정에 없던 장'면'들을 목격하게 된다. 델리의 길 위에서는 줄곧 가난이 눈에 밟혔다. 그러나 인도에서 전전하는 동안 그런 장면에 내가 점차 무뎌져간다는 것을 느끼고 있었다. 어느덧 역에서 나올 때면 손을 벌리는 아이들이 내 곁으로 오지 않도록 굳은 표정을 한다. 그리고 걸인, 호객꾼을 헤치고 도망치듯이 빠져나온다.

그러나 외면한다고 벗어날 수 있는 게 아니다. 도시의 곳곳에는 가난과 함께 억척이 스며들어 있다. 돈이 되는 일이라면 모든 틈새로 촘촘히 파고든다. 귀이개 하나 들고 역 앞에서 남의 귀소제를 해준다. 낡은 저울 하나 꺼내놓고 무게를 달아주고는 돈을 받는다. 깡통 안에 든 몇 개의 작대기로 점을 본다. 차가 멈추면 껌을 팔러 차를 둘러싼다. 서툰 이방인의 감상에 그런 장면들은 언뜻 생활의 활력처럼 비칠지도 모른다. 저기 할머니는 감자 다섯 개를 늘어놓고 쪼그려 앉아 손님을 기다리고 있다. 대체 그걸 다 팔아봐야 얼마인가. 팔 것이 없으면 땅 위에 떨어진 포장지를 줍는다. 이곳에서 가난의 깊이는 측량할 수 없다.

인도에서 빈곤은 새로운 생명의 탄생을 억제하지 못하며 태어난 생명들은 억척스러워져야 한다. 길거리 곳곳에서 생존은 지속된다. 피부가 벗겨진 사람, 다리를 끄는 사람도 한 푼을 만지려고 거리로 나온다. 역전에

런던에서 유학하던 간디는 톨스토이가 사망하기 1년 전부터 그와 서신을 주고받았다. 톨스토이는 이렇게 적었다. "인도가 식민화된 것은 영국 탓이 아니라 인도인의 노예근성이 낳은 자업자득이다. 인도인이 영국인을 도와주지 않는다면 어떻게 3만 명의 영국인이 3억의 인도인을 지배할 수 있겠느냐."

델리로 돌아온 간디는 물레를 돌렸다. 물레질은 영국의 공업에 의존하지 않고 의복을 스스로 만들어내는 방법이었다. 그러나 내면의 수행이기도 했을 것이다. 조급한 마음으로 물레를 돌리면 실은 엉키거나 끊어진다. 물레질은 역사의 속도에 관한 명상법이었으며, 간디는 그 속도로 인도인의 근성을 바꾸고자 노력했다.

서 돈을 달라는 아이들에게서 생명력을 느낄 수 있다면, 거동조차 힘든 사람들이 길바닥에 엎드려 적선하는 숙소로 돌아오는 골목은 야전병동 같다. 그들 위로 햇볕이 쏟아진다. 태양은 만물에 에너지를 공급하는 원천이지만, 이곳에서는 그들의 에너지를 빨아들이는 블랙홀 같다. 인도의 거리로는 사회의 환부가 드러난다. 그리고 거리로 환부가 드러나지 않도록 애쓰는 사회는 안에서 곪고 있다.

7년 전 뭄바이에 왔을 때도 이랬다. 그러나 이번에는 당시보다 인도에 오래 머물렀다. 통각은 점차 무뎌져 그런 장면을 맞닥뜨려도 아프지 않으며, 그런 장면을 앞두고 어떻게 행동해야 하는지도 더 이상 사고하려 들지 않는다. 자선이란 액수가 얼마이든 간에 타인을 주체로 대하는 행위다. 그러나 여행이 길어지니 지갑을 열면서도 점차 인간적 감정이 개입될 여지가 줄어든다. 구걸하는 아이들에게 떨어뜨리듯이 돈을 건네준다. 돈과 함께 모멸감을 주는지도 모른다. 이것은 선물의 행위가 아니라 상황을 벗어나고 싶은 몸짓이다.

내게도 할 말은 있다. 고단한 내게 구걸 행위는 피곤하며 때로 공격적으로 느껴진다. 마치 내게 돈이라도 맡겨놓은 것처럼 어떠한 교감도 없이 끈질기게 적선을 요구한다. 나는 내가 지갑으로 보이는 것이 싫다. 이곳에서 나는 동정보다 지갑을 크게 열도록 만드는 사회적 양심의 가책을 느끼지 않는다. 어쩌면 가책을 느끼지 않으려고 푼돈을 꺼내주며 그들을 감정적으로 약탈하고 있는지도 모른다. 이따금 그 상황 속에서 아무렇지도 않게 있을 수 있는 내가 신기하게 느껴질 때가 있다.

여행자의 윤리

건축물들을 탐방하러 다닌 델리의 여정이었지만, 생각은 다른 곳으로 흘러간다.

윤리는 건축적이지 않다. 그것은 일관되게 체계를 갖춰 구축할 수 있는 게 아니다. 윤리가 토대로 삼아야 할 일상은 단단하지도 고르지도 않다. 혼란스럽고 질척질척하며 깊이를 재기 어려운 두께를 가지고 있다. 일상 위에 윤리를 세우고자 할 때 그 시도는 필연적으로 왜곡을 동반한다. 일상의 나날들이 엮어내는 현실에서 윤리가 안정화되기는 힘들다. 종종 윤리적 동기와 실천의 결과는 일치하지 않는다. 윤리는 숭고함이라기보다 차라리 신중함의 영역에 속한다.

그리고 또한 생각한다. 진정 윤리를 성찰하려면 교과서에 나오는 추상적인 담론이나 선하지만 안이한 감상에 빠지지 않고 제반의 물적 토대에 근거해 당사자들의 이해관계를 적나라하게 포착해내야 한다. 타인의 삶을 마주했을 때 그저 착하고 순진한 감상이 물질적 관계를 은폐한다면 그런 감상은 두 배의 독성을 지닐 것이다.

그러나 인도에서 가난의 풍경을 마주하면 정치적·경제적 맥락을 잃고 내게는 그저 그 가난이 그 사람들에게 들러붙은 것처럼 보인다. 너무나 자주 접해온 까닭에 궁금증은 사라져 더 알아보려고 하지 않는다. 종교가 종교로만 보이고 가난이 가난으로만 보인다면 여행의 사고가 아니다. 그러나 나는 그 가난의 깊이를 잴 수 없다. 이방인인 나로서는 두루마리 휴지

가격도 안 되는 돈을 지불하면 릭샤 위에 올라 지면에서 발을 떼고 사람들을 내려다볼 수 있으며, 가게에 들어가 짜이 한 잔 마실 푼돈이라면 역에서도 맨바닥에서 열차를 기다릴 필요가 없다는 경험을 통해 가난의 깊이를 가늠해보는 수밖에 없다.

바로 겉으로 드러난 가난의 표면성을 뚫지 못하는 까닭에 아름다운 풍경도 자주 보면 물리듯이 가난의 풍경에도 익숙해져가고 그 충격은 점차 엷어진다. 오히려 내 쪽이 가난의 장면에 반복해서 자꾸 노출되어 피해를 본다고도 여기게 된다. 그것을 반복처럼 느끼는 까닭은 나의 눈에 비친 대상들, 아니 인간들이 구체성을 잃고 뭉뚱그려지기 때문이다. 사람 사는 모습이 진부하게 보이는 것이다. 적선을 요구하는 행위와 바가지를 씌우는 행위가 어떻게 다른지에 대한 판단력도 흐려져 둘 다 인도의 불편한 면모라는 피상적 이미지 속으로 융해되고 만다.

표면을 파고들어 이면을 섣불리 읽어낼 수 없는 타지에서 윤리란 타인을 대하는 자신의 반응을 성찰하는 데서 출발하는 수밖에 없다. 생활의 음영을 헤아리지 못하고 생활을 수놓는 물질적 관계에 무지한 까닭에 현지 사회로 진입할 수 없다면, 대신 그 노력으로 자신을 응시해야 한다. 장식적으로나마 걸치고 있던 인권의식을 짚어보고, 타인을 향한 동정의 배후에는 생활환경, 경제력, 사회적 지위에서의 우월감이 있지는 않은지 살펴보아야 한다.

그리고 결정적으로는 자신은 그 상황을 외면할 수 있거나 언제라도 원하면 그 상황에서 벗어날 수 있다는 조건이 서툰 연민을 가능케 하는 것은 아닌지 물어야 한다. 현지인들은 식물처럼 그 땅에 뿌리내리고 있으며, 나는 동물처럼 땅 위를 오갈 수 있다는 사고방식 말이다.

이것은 특히 여행자에게 요구되는 윤리라고 생각한다. 여행자는 자칫 타인의 고통에 상상적으로 접근할 수 있는 특권을 향유하기 때문이다. 그것이 특권인 이유는 타인의 고통에 연민을 느끼지만, 그 고통을 가져온 원인에 자신이 연루되어 있다고는 믿지 않는 데서 연민의 권리가 성립하기 때문이다.

순진하고 알량한 연민은 무고함의 과시적 성향을 띠지만, 사실 그 사람의 정신적 무능력을 증명하고 있다. 자신처럼 여행자들이 몰려와 그곳이 관광지로 변해가고 물가가 오르고 저임금 노동이 늘어나고 공동체에 균열이 생긴다는 사실, 자신이 손에 쥔 카메라가 이곳의 궁핍을 더욱 두드러지게 만든다는 사실에는 생각이 미치지 못하는 것이다. 따라서 의도가 선하다고 해도 연민은 뻔뻔스러운 반응일 수 있다. 그래서 나는 생각한다. 여행자의 윤리란 현지 사회에 멋대로 말을 보태는 유권해석권과 멀찌감치 거리를 두고 짐짓 혀를 차는 면책특권을 모두 내려놓는 데서 출발해야 한다.

떠날 때

그러나 이제 떠날 시간이다.

드디어 안경도 깨졌다.

슬슬 돌아갈까. 무엇 때문에 아직도 여기서 헤매고 있나.

여행의 윤리를 사고하려면 마음의 기력이 필요하다. 그러나 많이 지쳤다. 콜카타에서 달고 온 피로가 끝내 가시지 않는다. 어디까지가 육체적 피로고 어디까지가 정신적 소모인지 분간하기가 힘들다. 내 감각은 푹 삶은 시금치처럼 처져버렸다. 지친 눈에 사물의 색채는 겹치고 윤곽은 교차되어 무엇 하나 뚜렷이 보이지 않는다. 차분히 사색하려고 해보아도 사색의 물결은 어수선하게 흩어져 좀처럼 형상화되지 못한다.

호텔에서 샤워를 마쳤다. 수도꼭지를 잠그려 했는데 어느 방향으로든 꽉 잠기지 않고 헛돌았다. 물방울이 수도꼭지를 타고 똑똑 떨어졌다. 떨어지는 물방울을 보고 있는데 문득 지난 수십 일 동안 겪어온 이곳의 안타까운 장면들이 떠올랐다. "끝이 없구나."

이런 생각이 들기 시작했다면, 이제 인도를 떠나야 한다. 내 연상에서 구체적인 사람이 누락되었다. 어떤 비참함이라도 도저히 멈출 수 없는 것처럼 보인다면 이내 별 반응을 보이지 않게 된다. 연민은 변하기 쉬운 감정이다. 행동으로 이어지지 않는다면 이 감정은 곧 시들어버린다. 그리고는 시들었다는 자각마저 잃어버린다. 이제 떠나야 할 때다. 그리고 정신의 힘을 비축해 다시 돌아와야 할 것이다.

내게 남아 있는 건 방콕으로 돌아가는 오픈티켓이다.

10

여행과 세계

여행과 고생

벤야민의 『모스크바 일기』에 나오는 일화다.

그와 라이히 사이에선 '깨우다'라는 주제를 놓고 셰익스피어에나 등장할 법한 대화가 이어졌다. 우릴 깨워줄 수 있겠느냐는 질문에 그 종업원이 답하길 "우리가 그것을 생각한다면 깨워드릴 것입니다. 하지만 우리가 그것을 생각하지 못한다면 깨워드리지 못할 것입니다. 대부분의 경우 그걸 생각하기 때문에 깨워드립니다만, 우리가 그것에 대해 생각하지 못한다면 가끔 잊기도 합니다. 그러면 깨워드리지 못합니다. 깨워드리는 게 의무는 아니지만, 우리에게 제때 생각이 떠오른다면 깨워드리겠습니다. 언제 깨워드려야 하지요? 7시라고 하셨나요? 그러면 그걸 써놓겠습니다. 보시다시피 쪽지를 여기 붙여놓습니다. 그런데 이 쪽지를 볼 수 있을까요? 물론 이 쪽지를 못 본다면 깨워드리지 못할 겁니다. 하지만 대부분은 물론 깨워드리지요." 결국 어쩌면 당연하게도 그들은 우릴 깨워주지 않았는데 그는 말했다. "손님들께선 벌써 일어나 계십니다. 저희가 누굴 더 깨워야 한단 말입니까?"

벤야민은 모스크바에서 있었던 해프닝을 두고 우스꽝스럽고 또 허탈하게 각색했지만, 나는 이 구절을 읽으며 인도를 떠올렸다. 이 연상에 대단한 근거는 없다. 먼저 일기에 셰익스피어가 언급된 것이 한몫했다. 영국인들은 인도를 식민 지배하는 동안 셰익스피어를 인도 전체와도 바꾸지 않겠다고 거드름 떤 적이 있다. 그러나 교환이란 상대가 원해야 성립되는 법 아니던가. 더구나 인도를 헤매고 있노라면 셰익스피어의 등장인물, 아니 서구적 실존의 모든 가능성을 조합해도 도달할 수 없는 인간 군상을 만날 수 있다.

연상의 다른 근거는 나 역시 인도에서 저런 희극적 상황을 이따금 체험했다는 것이다. 인도에 가면 다른 시간과 계약을 맺어야 한다. 무엇 하나 성사되려면 불필요해 보이는 번거로운 절차를 거치기도 한다. 병원에서의 관료주의는 셰익스피어보다 카프카에서 막 튀어나온 것 같았다. 그러나 관료주의는 기대처럼 기능하지 않는다. 병원 바깥으로 나가려면 하루의 시간이 소요되고 장거리 버스에서 편한 좌석을 얻으려면 발품을 팔고 흥정도 해야 한다. 그러나 결국에는 요행에 맡겨야 한다. 선택은 때로 도박이 된다.

여행이라는 의미의 Travel은 고생을 뜻하는 Travail에서 파생되었다고 한다. "집 떠나면 고생"이야 하게 마련이지만, 인도에서는 혼란에 빠지거나 뾰족한 모서리에 치일지도 모른다. 한 손에는 자유, 다른 한 손에는 고생이 있다. 누군가는 인도에 오면 자유를 만끽한다고 말한다. 그 자유 속에서 생활과 생각의 타성이 사라졌단다. 누군가는 진탕 고생만 하다가 돌아왔다고 말한다. 고생해서 인내를 배웠단다. 어느 경우든 인도는 육체의 고생이 정신적 체험으로 이어지는 땅이다. 이곳에서 감상의 촉수는 섬세해진다.

두 가지 여행의 제안

> 나는 나의 활동에 보탬이 되거나 직접 활력을 주지 않고 단순히 나를 가
> 르치기만 하는 모든 것을 싫어한다.

괴테의 문장이다. 직접 읽은 적은 없으며, 니체의 글에서 재인용했다. 「삶에 대한 역사의 공과」가 이 문장으로 시작된다. 새로 알게 된 사실이라면 마땅히 생기를 줘야 한다. 니체는 '삶을 고양한다'는 표현을 즐겨 사용했다. 그는 「삶에 대한 역사의 공과」에서 그저 모아서 쌓아두는 지식과 생기가 되고 정신적 충만을 안기는 앎을 구별했다. 그리고 삶을 고양하기 위해 앎과 체험을 활용하자는 제안을 내놓았다.

그 경우 삶을 고양시키는 앎과 체험이 되려면 그 앎과 체험이 무엇이냐도 중요하겠지만, 그보다 관건은 그것들을 소화하는 정신의 능력에 있을 것이다. 니체는 정신을 위胃에 비유한 적이 있다. 위는 음식물을 소화해 영양소로 바꾼다. 탁월한 정신은 커다란 소화력을 갖는다. 그래서 낯선 환경으로 나아가도 거기서 파도를 타며 정신의 균형을 유지할 수 있다. 오히려 낯선 환경에 둘러싸이면 성장한다는 느낌, 힘이 증가한다는 느낌을 받는다. 그런 인종이라면 천생 여행하는 수밖에 없다. 그러나 취약한 정신은 낯선 환경에 놓이면 부서진다. 고속도로에 뛰어든 고슴도치는 자동차가 다가오면 몸을 잔뜩 웅크리고 가시를 세워 자신을 지키려 한다. 그러나 그 행위가 고슴도치를 맹목의 상태로 만든다. 그런 자들에게 여행은 자칫 독

이 될 수도 있다.

「삶에 관한 역사의 공과」에는 여행에 대한 언급도 나온다. 니체는 두 가지 여행을 제안한다. 첫째, 자신의 사회와 자신의 정체성이 과거로부터 형성되어왔다는 사실을 깨닫고 그 과정에서 소속감을 확인하는 여행이다. 이렇게 여행한다면 "덧없고 개별적인 존재를 넘어선 시야를 가지게 되며, 자신이 자신의 집, 자신의 종족, 자신의 도시의 정신이라고 생각하게 된다." 여행자는 낡은 건물들을 보며 "자신이 완전히 우연적이고 자의적인 존재가 아니라 과거로부터의 상속자이자 꽃이자 열매로서 성장해왔으며, 따라서 자신의 존재는 용서받을 수 있고 정당화될 수 있다는 것을 깨닫고 행복"을 느끼게 된다.

이것도 값진 여행이다. 그러나 니체는 자신의 사회에 만족하지 못하는 사람을 위해 다른 여행도 권한다. 니체는 독일 문화를 우울하다고 느끼는 사람이 이탈리아의 피렌체에 갔을 경우를 상정한다. 거기서 운과 인내, 후원이 조합되어 르네상스가 일어나 사회 전체의 분위기와 가치를 바꿔놓았음을 알게 된다. 여행자는 이탈리아에서 "과거에 '인간'이라는 개념을 확장하고 그 개념을 좀더 아름답게 가다듬었던 시도"를 발견하고 그리하여 "과거의 위대함을 숙고하여 힘을 얻고, 인간의 삶이 영광스러운 것임을 느끼고 영감을 얻는" 사람들의 대열에 합류하게 될 것이다.

세 가지 유형의 인간

인용하고 싶은 문장이 또 있다.

> 고향을 감미롭게 생각하는 사람은 아직 주둥이가 노란 미숙한 자다. 모든 장소를 고향이라고 느낄 수 있는 사람은 이미 상당한 힘을 축적한 자다. 전 세계를 타향이라고 생각하는 사람이야말로 완벽한 인간이다.

생 빅토르 후고의 『디다스칼리콘』 3권 20장의 일절이다. 하지만 이 글도 직접 본 적은 없다. 에드워드 사이드가 『오리엔탈리즘』에 인용하고, 가라타니 고진이 『오리엔탈리즘』에서 재인용한 것을 내가 다시 인용하는 것이다. 위의 인용구는 내게로 오기까지 아주 먼 거리를 여행했다.

가라타니 고진은 인용구에서 세 가지 유형의 인간을 도출해냈다. 첫째, 고향을 감미롭게 여기는 자는 공동체 안에서 사고하려고 한다. 이때 세계는 '유한한 내부'(코스모스)인 공동체와 '무한한 외부'(카오스)라는 이계로서 이분법적으로 분할된다. 둘째, 모든 장소를 고향으로 느끼는 자는 이른바 코즈모폴리턴의 세계를 살아간다. 그는 어떤 특정한 공동체로도 환원되지 않는 상위의 공간을 상정한다. 그 공간에서는 개별 공동체를 넘어선 보편적 진리가 작동한다. 셋째, 전 세계를 타향으로 여기는 자에게 펼쳐지는 세계가 있다. 그 존재는 자신의 공동체를 넘어서려고 한다. 동시에 모든 공동체의 자명성을 의심한다. 따라서 셋째 유형의 인간은 첫째 유형의 인간이 상정해놓은 내부와 외부의 구분을 뒤흔든다. 동시에 둘째 유형의 인간처럼 보편적 진리에 기대어 공동체를 극복하는 것이 아니라, 그렇게 상정된 보편성마저 의심한다.

여기서 나는 또 하나의 인용구를 가져와야 한다. 레비스트로스는 『슬픈 열대』에서 '고향 상실자'라는 표현을 꺼낸 바 있다.

> 민족학자의 생활과 작업의 제반 조건은 그를 그가 속한 집단으로부터 오랫동안 물리적으로 떨어져 있게 만든다. 따라서 그는 자신이 직면하는 환경의 야만적인 변화로 인해 만성적 고향 상실증을 겪게 된다. 그는 어디를 가든 자기 집처럼 느끼지 못해 심리적으로 불구의 신세로 남게 된다.

민족학자는 작업의 속성상 고향을 장시간 떠나 있어야 한다. 그러나 그 사실은 '만성적 고향 상실증'을 낳는 절반의 조건이다. 레비스트로스는 말한다. 민족학자는 모국으로 돌아와도 안정감을 얻지 못한다. 그렇기에 '만성적' 고향 상실증에 시달리는 것이다.

어쩌면 장기 여행자도 비슷한 운명에 처하는지 모른다. 장기 여행자도 심리적인 불구 신세를 면치 못할 때가 있다. 먼 거리를 이동해 찾아 나선 풍경은 손에 넣는 순간 애초의 기대를 저버린다. 혹은 헤매고 있는 세계가 점차 자신에게 스며들 수도 있다. 그러나 낯선 세계에서 안정을 취하지는 못한다. 한참을 다니다보면 떠나왔다는 흥분은 잦아들고 자신이 생활하던 세계가 마음속에서 소생하지만, 집으로 돌아가면 다시 여행의 허기에 시달릴 것임을 예감하고 있다.

만성적 고향 상실증에 시달리는 사람은 지면에서 발이 떠 있듯 안정감을 잃고 부유감에 시달린다. 그러나 레비스트로스는 말한다. 만성적 고향 상실자는 안정된 과거를 잃지만 대신 그에게는 미래가 주어진다.

고향 상실자의 보상이 미래다. 미래에 대한 관심은 공동체의 해체와 과거의 해체를 기반으로 한다. 현재에 존재하지 않는 것, 과거에도 존재하지 않았던 것 속에서조차 인생의 의미와 근거를 찾을 수 없는 사람들, 사람의 의미를 현재에서도 과거에서도 찾아낼 수 없는 사람들. 그런 사람들이야말로 의미에 굶주린 눈을 미래로 돌린다. '의미로서의 과거'를 대신해 '의미로서의 미래'가 부각된다.

레비스트로스는 그 이상으로 '의미로서의 미래'의 의미를 밝히지는 않았다. 나는 여행자로서 다음 문장을 상상해본다. 그때 '의미로서의 미래'란 고향을 상실한 자, 즉 공동체의 자명함을 의심하는 자가 유동하는 현실 속의 체험을 거쳐 자신의 진실에 다가가는 것이라고 생각한다. 먼 이동을 통해 여행자는 멀리 떨어져 있던 자기 자신과 만난다.

인간, 하나의 세계

멀리 떨어진 자신과 만난다는 것은 결국 자기 속으로 깊숙이 들어간다는 의미다. 수평적인 이동의 체험을 매개 삼아 자신을 수직으로 파고든다는 뜻이다. 그것이 내게는 장기 여행에서 기대하는 한 가지 값진 가치다. 그러나 여행을 통해 멀리 떨어진 나를 발견하려면 거쳐야 할 사고의 절차가 있다. 멀리 떨어져 있다는 것은 나 자신에게 익숙한 존재가 아니라는 뜻이다. 그런 낯설어짐은 이질적인 의미와 의미가 충돌하고 교환되는 과정에서 생성된다. 그런 낯설어짐과의 만남은 의미들의 층을 통과하는 동안 여행자가 자기 사고의 관성을 응시하고 여행자의 자아가 분해될 때 발생하는 것이다.

이런 과도한 수사를 구체적인 의미로 정착시키려면 다소 우회해야겠다. 여기서 인간이라는 말의 어원을 들이고자 한다. 물론 어원학적 접근이 한 개념에 대해 알려주는 진실의 함량은 얼마 되지 않는다. 말의 의미를 결정하는 것은 용법이지 어원이 아니다. 말이란 잉여성을 갖는다. 그러나 어원을 생각의 재료로는 취할 수 있다.

인간은 '사람'(人)과 '사이'(間)가 조합된 말이다. 여기서 인人이란 제3자의 관점에서 인식된 사람 일반을 가리키며, 간間이란 사람들 사이의 공간 내지 관계성을 뜻한다. 따라서 인간이라는 말은 이미 복수의 사람들을 상정하는 동시에 그들 사이의 관계도 상정하고 있다. 인간의 인이란 타인의 시점에서 비추어진 자, 타인과 관계를 갖는 자를 함의하는 것이다. 그리고

간은 세간世間의 세世, 즉 사람들이 내던져진 세상과 관념의 연합을 이룬다. 인간은 세상 속에 존재하며, 타자에 의해 매개되는 존재인 것이다.

따라서 한 개체는 세상 속의 왜소한 존재지만, 인간으로서, 사람들의 사이 존재로서 스스로 하나의 세계이기도 하다. 한 개체는 하나의 의미의 장인 것이다. 따라서 여행은 한 개체가 타지에 가는 일일 뿐만 아니라 하나의 작은 세계가 커다란 세계와 부딪치는 일이기도 하다. 여행자는 세계의 사이를 이동하는 존재다. 여행자는 자신의 무대를 옮길 때 그저 몸만 가져가는 것이 아니라 하나의 세계로서 움직인다. 물리적·역사적·사회적·정치적·문화적·경제적 의미의 자장이 여행자를 둘러싸고 동심원을 이루고 있다. 여행자는 매 순간 자신이라는 의미들을 품고 내뿜는 하나의 세계이며, 하나의 군중이다.

그러나 여행자는 자신의 정체성을 타지로 그대로 가져갈 수 없으며, 자신이 발을 들여놓은 다른 세계와의 부대낌 속에서 동심원을 그리고 있는 의미의 자장은 흔들린다. 낯선 세계는 여행자의 세계를 삼투하여 어떤 의미는 깨지고, 어떤 의미는 동심원을 벗어나 낯선 세계에 양보해야 하며, 의미들 간의 배치는 흐트러진다.

바로 그렇기에 여행은 자신이라는 세계를 탐사할 수 있는 매개가 된다. 여행자는 낯선 세계 속으로 떨어진다. 그러면 조약돌처럼 개체는 낯선 세계라는 물속으로 떨어져 물의 표면에 파문이 인다. 거기서 이전과는 다른 동심원, 새로운 의미의 자장이 형성된다. 존재의 무게가 더할수록 파문은 더 멀리 퍼지고 더 깊숙한 곳까지 닿을 수 있을 것이다. 바로 낯선 세계의

심부까지 내려갈 때 여행자는 자기 세계의 깊이도 측량할 수 있을 것이다.

관점들의 공간

인도 여행을 계획할 때 내가 갈 곳은 머릿속에서 육지 위의 몇몇 점들로 표시되어 있었다. 한 곳은 담청색 하늘 아래 낡고 거대한 유적이 있으며, 다른 한 곳은 붉은 석양을 배경으로 그 물줄기를 따라가면 영원에 닿을 것 같은 강의 이미지였다. 그러나 점과 점 사이를 이으면 선이 나온다. 즉 그 곳들에 가려면 현실을 통과해야 한다. 그 길 위에서 벌어지는 사소한 일들은 그다지 사소하지 않은 문제군으로 이어진다.

비행기 위에서라면 선이 아닌 면을 볼 수가 있다. 비행기 위의 시점은 전체를 조망한다. 그 시점은 내려다보이는 풍경에 질서와 논리를 부여한다. 도로는 산을 피하려고 곡선을 그리며 강으로 이어지고, 건물들은 친족 관계를 이루며 무리지어 있다. 땅에서라면 제멋대로 보일 길들이 격자의 형태로 잘 짜여 있다.

그래서 하늘에서 땅을 내려다보는 시선은 근엄할 수 있다. 우리 눈에 감추어져 있었을 뿐이지 삶은 저렇듯 오밀조밀하다. 저 밑에는 인간이 만들어내는 과잉, 정열, 파편, 권태, 오물, 혼돈, 신성이 뒤섞여 땅 위에 긁힌 자국들로 남아 있다. 그 모든 것은 하늘 위에서 보건대 아주 작다.

그러나 상륙해서 입국 절차를 받고 나서는 그 뒤섞임 속으로 들어가야 한다. 작아 보이던 세상에 더 작은 일부로서 들어가 속해야 한다. 입국심사 직원은 불친절하고, 공항 안에는 거대한 선풍기가 덜덜거린다. 공항에서 택시를 타면 운전사는 가짜 표범 가죽이 덮인 미터기를 꺾는다. 그래도 사기당하는 것은 아닌지 주의해야 한다. 도로로 나가면 시끄러운 경적 소리에 시달려야 하고, 거리의 한쪽 구석에 방치된 쓰레기 주위에는 파리가 배회하고 있다. 기내식이 잘 내려가지 않은 탓에 그 장면은 더욱 거북스럽게 보인다. 내 인기척에 쓰레기를 뒤지던 누렁개는 절뚝거리며 떠나간다. 함석지붕을 머리에 인 집에서는 싸우는 소리가 새어 나온다. 하늘에서는 길들을 한눈에 꿰고 있었지만, 차에서 내리자마자 길눈이 어두운 나는 골목에서 방황한다.

지상의 현실은 무질서한 반복과 예측할 수 없는 강조와 논리적이지 않은 플롯으로 여행자의 힘을 뺀다. 땅에 발을 딛기 전 여행자는 기대감에 들며 생략과 압축을 감행하며 자신의 현재 위치와 자신이 가려는 곳을 상상 속에서 직선으로 잇는다. 따분한 시간들은 잘라내고 곧장 핵심의 순간으로 향한다. 산만한 보푸라기로 가득한 현실은 고려 사항이 아니었다. 그러나 현실에서는 목적지에 곧장 직선으로 가닿을 수 없다. 현실의 선 위의 도정에서 점에 관한 환상은 깨지기 시작한다.

그러나 거기서 진정한 여행의 감각이 움틀 수 있다. 목적지를 향하는 길이 진공 지대를 가르고 지나가는 게 아니라 거기서 현지 공기의 저항감을 경험하게 될 때, 여행의 감각은 숙성될 수 있다. 텅 빈 시간도 공간도 존재하지 않는다. 그 순간, 그곳은 어떤 사건들로 채워져 있다. 멈춰 선 시간도 공간도 존재하지 않는다. 시간과 공간은 생성되며 고유한 밀도를 만들며 내게로 육박해오고, 여행자는 그 밀도 속으로 진입한다. 거기에는 마찰이 따른다.

그 밀도란 복조성, 복리듬, 복음조로 이루어져 있다. 여행자 앞에는 혼란을 야기하는 사회적·역사적 먼지가 자욱이 깔려 있다. 첫눈에 사물들의 윤곽은 뚜렷하게 보이지 않는다. 그러나 차츰 현지의 리듬에 몸을 맞추다 보면 시시콜콜한 것은 시시콜콜하지 않으며, 엉성한 것도 그곳의 맥락에서는 오랜 시간 공들여 조직된 것으로 보이기 시작한다.

현지에서 보내는 시간이 여행자에게는 불편할지 모르지만, 그 도시가 필요로 하는 것은 그 도시 안에 있다. 시장도, 화장실도, 정거장도, 사원도 그곳에는 있다. 그러나 관찰력을 기울이면 사람들을 조종하는 보이지 않는 실의 움직임이 드러난다. 웃게 만들고, 화나게 만들고, 술집으로 들어가게 만들고, 지갑을 열게 만드는 동기가 여행자가 속해 있던 사회와는 다르다. 사회의 밑그림이 다른 것이다.

권위적인 밑그림이 그려져 있는 사회에서 사람들은 과묵한 표정으로 흐트러짐 없이 한 방향으로 움직인다. 아마도 사회에 새겨진 밑그림에 따라 사회에는 다른 집합적 무의식이 깃들 것이다. 낯선 사회에는 여행자의 눈에 드러나는 것과 감추어진 것이 있다. 한 사회는 넓이와 깊이를 갖는다. 그러나 남들의 일상을 잠시 스쳐 지나가는 여행자가 그 깊이를, 밑그림을 목격하기란 참으로 어렵다.

그리고 간극은 현지인과 여행자 사이에만 존재하는 것이 아니다. 가령 나는 결코 인도에 발을 디딘 최초의 여행자가 아니다. 만약 최초의 여행자였다면 나는 스스로 동선을 짜고 관심이 이끌리는 대로 볼 수 있는 특권을 누렸을 터다. 지닌 정보가 없으니 타인의 의견에 매이지 않고 스스로 가치의 범주를 만들어낼 수 있었을지 모른다. 그러나 어디로 발을 들여놓든 그곳은 내가 처음 내디딘 곳이 아니다. 내 손에는 가이드북이 있으며, 인도에 오기 전에 이미 여러 정보들을 모았고, 이미지들을 내 눈에 발라두었다. 나는 아무런 자의식이나 선입견 없이 투명하게 여행지를 보지 못한다. 그래서 나의 뇌리 속에 이미 남아 있는 타인들의 감상과 나만의 눈으로 보고 싶다는 욕망 사이에도 간극은 존재한다.

내가 발 디딘 곳은 관점들의 공간이다. 살아가는 자들, 오는 자들, 떠나는 자들의 관점은 서로 인접하며 부딪힌다. 어떤 개인도 역사와 사회의 흐름에 내맡겨져 있으나 어떤 개인도 자신만의 부력을 가지고 살아간다. 일상의 장소이자 여행의 장소에서는 관점들이 충돌하고 개인사가 부딪힌다. 그렇듯 복잡하게 뒤얽힌 관점들로 인해 세계는 결정면에 따라 말끔하게 단면을 낼 수가 없다.

여행자, 번역가

그리고 나는 여행에 관해 쓰고 있다. 여행에 관해 쓰려면 미지의 독자들도 염두에 두어야 한다. 나는 어떤 의미에서 여행 작가란 번역자와 비슷한 처지라고 생각한다. 아니, 비슷하다기보다 여행 작가의 사고와 감수성에는 번역자적 요소가 필요하다.

번역에는 철학적 문제가 동반된다. 그리고 윤리적 문제도 뒤따른다. 먼저 번역자는 언어적·문화적 거리감으로 말미암아 원문을 해석할 때 어려움을 겪는다. 한 언어를 다른 언어로 옮기고자 할 때 비결정성은 피해갈 수 없는 문제다. 원어와 번역어 사이에서 의미의 등가성은 확보될 수 없다. 따라서 원문의 언어·문화적 세계와 번역가 측의 언어·문화적 세계 사이의 심연을 가로질러 번역하려면 번역자는 원문의 언어에 능통해야 할 뿐만 아니라 외국어 세계의 문화적 감수성도 체득해야 한다.

그럼에도 불구하고 번역의 과정에는 번역자의 해독과 해석이 뒤따른다. 논리로는 직역을 운운할 수 있겠지만, 실천에서 직역은 불가능하다. 한 땀 한 땀 그렇게 표현들을 골라 번역문으로 직조해갈 때 번역문은 어쩔 수 없이 번역자의 언어 감각, 지적 능력, 때로는 사회적 신념에 영향을 받는다. 따라서 번역문은 이념적으로 중립적이지 않다. 그러나 번역이란 원문이라는 제한된 조건 속에서 원문의 가능성을 실현하는 윤리적 과정이기도 하다. 번역은 창작이 아닌 것이다. 따라서 좋은 번역가는 원문을 왜곡하지 않으면서도 이질적인 언어가 충돌하고 교섭하는 장에서 생명력 있는 언어를 일궈내야 한다.

여행자 역시 언어와 문화의 경계를 건너야 할 운명에 처해 있다. 그리고 낯선 텍스트 혹은 콘텍스트를 읽어내야 한다. 그 경우 서툰 독자는 난해한 텍스트를 접할 때 자신이 이해하거나 마음에 드는 구절에만 밑줄을

굿듯이, 서툰 여행자는 낯선 사회에서 눈에 밟히는 장면만을 취하고 기억할 것이다. 물론 그런 감상도 가능하다.

그러나 여행지에 관해 쓰고자 한다면, 좋은 독자가 텍스트의 몇몇 구절만이 아니라 논리의 전체상, 나아가서 행간을 읽어내려 애쓰듯이 낯선 사회에서 눈에 들어오는 몇몇 장면들을 넘어 그 이면을 사고하려고 노력해야 한다. 그것이 여행 작가의 미덕이라고 생각한다. 그러나 번역에 비결정성이 따르는 것처럼, 여행 작가가 현지의 속살을 자신이 보았고 이해했다고 착각한다면, 그것이야말로 여행의 윤리를 저버리는 일이 될 것이다.

사실 여행 작가가 현지의 역사라고 소개하는 사건들이란 "누군가에게서 들은 실제로 있었다는 이야기인데"라는 긴 문장을 숨기고 있다. 그 역사를 직접 체험하거나 목격한 적이 없다면 여행 작가는 전언자일 뿐이다. 그리고 누군가에게 들은 이야기라면, 그 역사는 그 누군가에 의해 각색되었을 가능성이 크다. 하지만 여행 작가는 이야기의 출처를 밝히지 않은 채 마치 해당 사회의 본질적인 역사처럼 기록하곤 한다. 내 경우도 예외는 아니다.

그리하여 생각한다. 여행 작가는 바로 번역에서 발생하는 비결정성을 자신을 향한 물음으로 전환시켜야 한다. 여행자도 하나의 세계며 현지 사회도 세계다. 현지 사회라는 세계는 여행자라는 세계보다 당연히 크다. 그러나 현지 사회와 여행자 사이에는 질감의 차이도 존재한다. 여행을 통해 두 세계가 마주쳤을 때 여행자는 현지 사회에 공간적으로 속해 있으나 두 세계 사이의 부등가성은 어떤 질적인 사건을 불러일으킨다. 의미의 교환은 비대칭적이기 때문이다. 그것이 여행의 진실에 가까울 것이다.

따라서 여행기가 단순한 사실의 나열이나 신변잡기적 체험담, 혹은 개인적 감상의 토로에 그치지 않으려면 여행 작가는 저렇듯 불편한 진실에서 출발해야 한다. 그러려면 여행자 자신의 한계를 응시해야 한다. 투명하게 현지 사회로 진입하고 의미를 포착해 그것을 왜곡 없이 독자에게 전달하는 것은 불가능하다는 한계를 통해서만, 오히려 그 한계에 내재함으로써만 어떤 삶의 진실을 형상화해낼 때, 여행기는 다른 작품과 달리 고유한 진폭과 음영을 지니는 장르로서 성립할 수 있을 것이다.

여행과 보편성

여행기가 쏟아지고 있다. 그러나 매해 수백만의 사람들이 외국으로 나가는 시대에 여행기란 우스꽝스러운 짓인지 모른다. 아무리 유익하게 비교문화론을 꺼내고 계몽적인 요소를 담아보아도 자기만족에 불과할지 모른다.

나는 다시 번역자의 조건을 사고한다. 번역자에게는 두 가지 가능성이 있다. 한 가지는 원문이 지니는 권위에 기대어 권력을 갖는 매개자가 되는 것이다. 원문을 남들보다 먼저 읽고 옮겼다는 이유로 선구적인 존재가 되는 것이다. 다른 한 가지는 매개자라기보다 임계적 존재가 되는 것이다. 언어와 문화의 경계선상에서 오가는 이질적인 운동을 내적 계기로 삼아 자신을 비결정성의 지대로 내몰아 사고와 감각을 갱신하는 것이다.

오늘날처럼 여행자들이 폭증한 시대에 타문화를 방문했다는 경험을 권위 삼아 떠벌리는 역할은 여행자에게 허락되지 않을 것이다. 혹은 타문화에 관한 지식과 역사를 나열해보았자 그것은 실상 몇몇 문헌들을 조합해놓은 것에 불과하니 여행기로서 매력을 갖지 못할 것이다.

그래서 나는 생각한다. 이제 여행 작가에게 남아 있는 몫이란 임계적 존재가 되는 길이다. 즉 자문화와 타문화의 경계선상에서 성공을 보장받을 수 없는 타문화에 관한 해석의 노력을 통해 자문화에 감추어진 불안정성을 드러내는 것이다. 자문화의 일상인들과 실감을 공유하면서도 타문화와 소통하여 내부의 이미지가 자기 누적에 의해 굳어가는 것을 부단히 무너뜨리는 것이다.

그 경우 여행기는 타문화를 소개하는 글에 그치지 않고 자문화를 상대화하는 물음을 빚어내는 글이 될 것이다. 타문화를 하나의 실체로 간주해 타문화와의 대비 속에서 자문화를 또 다른 실체로 그려내는 것이 아니라, 타문화와 자문화를 가르는 경계를 고정된 것이 아닌 유동하는 것으로 사고하며, 친숙한 외부와 낯선 외부, 실재적 외부와 잠재적 외부 사이를 오가며, 그런 운동의 궤적 속에서 타문화로부터 사고의 자원을 건져내 자문화를 향해 물음을 던지는 것이다.

그러려면 여행 작가는 타문화의 현실과 역사를 독자에게 번역할 뿐 아니라 자신의 체험 역시 번역해야 한다. 딱딱하게 굳어버린 사실, 일반화된 논점, 안이한 감동에 머물지 말고 다양하게 변해가는 정경, 시시각각 발생

하는 사건 속에서 먼저 자신을 상대화해야 한다. 여행자는 하나의 개체로서 그 정경과 사건들을 통과한다. 동시에 그 정경과 사건들은 하나의 세계인 여행자를 통과한다. 그런 이중의 과정에서 문화적 차이로부터 보편적인 문제의식을 도출해내야 한다.

그때의 보편성이란 앞서 언급한 생 빅토르 후고의 둘째 유형인 코스모폴리턴의 보편성이 아니다. 오히려 셋째 유형처럼 어느 곳도 고향으로 느낄 수 없는 자가 구현해내는 보편성이다. 차이야말로 보편성의 증거다. 한 문화의 사건이 구체성을 잃지 않고도 다른 문화에서 사상적 자원이 되며, 한 개체의 체험이 다른 개체에게 영양원이 될 때, 그 과정만이 보편성이라는 말에 값할 수 있다. 따라서 '보편적'이라는 형용사에는 어떤 선취된 번역의 시간이 압축되어 있다.

여행의 진실

그러나 번역자와 여행 작가의 조건은 다르기도 하다. 번역자에게 옮겨야 할 대상이 텍스트라면, 여행 작가에게는 콘텍스트다. 논리상 가능할 뿐이라고 말했지만 번역에는 직역이 있다. 직역은 실천적으로는 불가능하지만, 원문의 의미를 훼손해서는 안 된다는 윤리적 지침으로 기능할 수 있다. 그러나 여행기는 그렇지 않다. 텍스트와 삶의 장소는 결코 같지 않다.

여행기는 자주 조급증에 빠진다. 여행 작가는 눈앞에서 전개되는 정경과 사건에 매달려 어떠한 정신적 매개도 거치지 않고 '있는 그대로' 포착해 자기 글의 장식물, 전리품으로 챙기려고 든다. 그러나 텍스트의 번역이라면 원문이 이미 하나의 완성된 세계로 존재하기에 되도록 고스란히 옮기려는 시도가 윤리적 의미를 가질 수 있지만, 여행지에서 어떤 정경과 사건을 골라 서술할 것인지는 여행 작가에게 맡겨져 있다. 직접적인 시각적 체험만을 기록하더라도 그것은 이미 매개된 것이다. 그리고 숭고하고 추한 것들을 발견하여 그것들을 진열하고 전시할 때 사용하는 감상 어린 수사와 기교, 개념들은 투명한 것들이 아니라 이미 남들이 사용해온 역사적 침전물인 것이다.

더구나 타지에서 특정 장면을 포착해내고 기억하려면 해석의 틀이 필요하다. 일반적으로 가장 일차적인 해석의 틀로 작용하는 것은 기시감, 미추, 문화적 차이 등이 될 것이다. "저런 비슷한 것은 한국에서도 본 적이 있는데", "저것은 진짜 예쁜데", "저것은 정말이지 독특한데." 그것들은 호기심을 불러일으키는 소중한 계기로 작용하겠지만, 그 호기심에서 의미 파악이 멈춰버린다면 가벼운 감상으로 응고되고 말 뿐이다. 따라서 때로는 일차적으로 주어지는 의미를 괄호에 치고 자신의 감상을 스스로 거부해야 한다. 기시감 속에 낯섦을 발견하고, 아름다움 속에서 현실에 드리울 수밖에 없는 추함을 읽어내고, 독특함을 포착했더라도 거기에 머물지 않고 그것을 에워싸고 있는 맥락으로 시선을 넓혀야 한다.

대상을 섣불리 의미화하지 않겠다는 전제 아래 드러난 것과 침묵에 처해진 것 사이에서 벌어지는 긴장관계에 관심을 둘 때 여행자는 현지가 품고 있는 틈새와 간극을 주목하게 될 것이며, 자기 생각의 비약을 응시하게 될 것이다. 결국 여행에서 진실이란 여행지에 가려진 채로 기다리고 있을 뿐만 아니라 여행자의 사고의 인내에 의해 발견되어야 하는 것이기도 하다.

손쉽게 의미를 추출해내려는 둔감한 윤리의식에 죄의식을 갖지 못한 채 성급히 판단으로 나아간다면 그 대가로서 결국 표현은 공허해지고 만다. 게으르지 않은 사유라면 온전한 인식은 불가능하다는 의식을 낙인처럼 가지고 있을 것이다. 여행자가 그럴듯하게 포장해놓은 의미란 사고의 힘이 부족해 거기서 지쳐 멈춰 섰다는 흔적일지도 모른다.

누가 '우리'인가

또한 여행 작가는 타문화와의 경계를 넘어서야 하지만 한편에는 여행 작가와 생면부지인 독자의 사이에도 쉽게 건널 수 없는 강이 흐르고 있다. 물론 내게는 글을 작성하면서 떠올리게 되는 구체적인 인격체들이 있다. 이 글이 써진다면 그들이 읽을지 모른다. 그들의 존재는 공허한 소리가 되지 않도록 내게 표현을 고르도록 만드는 중력으로 작용한다.

그러나 역시 여행에 관해 쓰려면 이중의 타자를 의식해야 한다. 한편에는 쉽게 넘어설 수 없는 문화의 장벽 건너편에 현지인이 있다. 아니 기왕에 비유를 가져오려면 깊이를 쉽게 잴 수 없는 심연의 너머라고 표현하는 편이 낫겠다. 벽의 높이라면 내 쪽에서 어림잡을 수 있기 때문이다. 아무튼 그럼에도 나는 그들에 대해 쓴다. 다른 한편에는 내가 형상화하려는 의미와 그 의미의 밑바탕에 있는 의도가 제대로 전달될 수 있을지 확신할 수 없는 독자가 있다. 여행기를 쓰는 것은 이중의 타자 사이에 놓이는 경험이다.

바로 이 조건 속에서 여행 작가는 번역가가 그러하듯 매개자 역할을 할 수도 있지만, 임계적 상황에 내몰릴 수도 있다. 매개자가 된다는 것은 현지인인 '그들'과 여행 작가가 독자를 호명하는 '우리'의 자명한 경계 위에서 그들에 관한 이야기를 우리 측으로 옮겨오는 행위다. 이때 경계는 마치 상인자본이 그러하듯 여행 작가가 이윤을 남길 수 있는 조건이 된다. 즉 '우리' 독자들은 모르는 '그들'에 대한 사실을 '나'인 여행 작가는 알고 있으며 떼어 팔 수 있다. 여기서 자국인 대 외국인, 자문화 대 타문화, 내부 대 외부라는 틀은 정합적으로 겹쳐진다. 이 틀 위에서 자문화와 타문화는 동시에 단순화되기 쉽다.

반면 임계적 상황에서 사고한다는 것은 타문화와의 질감의 차이에도 민감하지만 '우리'의 범위도 자명시하지 않는다는 의미다. 나는 '그들'을 모르듯이 '우리'도 잘 알지 못한다. 그들이 균질한 대상이 아니듯 내가 독자로 호명하는 '우리' 역시 균질적 존재가 아닐 것이다. '우리'라며 말을 건네 상정하는 집단은 의미 전달이 보장되리라는 확신 위에 구축된 공동체가 아니다. 내가 '우리'에 대해 알고 있는 것은, 이 글이 한국어로 쓰여지는 이상 누군가 이 글을 읽는다면 한국어 사용자일 것이라는 사실뿐이다.

따라서 나는 '우리'라는 인칭대명사의 용법에 민감해지는 수밖에 없다. 같은 언어를 공유한다는 이유로 공감마저 기대할 수는 없다. 타지의 정경을 투명하게 볼 수 없듯이 그런 불투명성은 나와 독자 사이에도 존재한다. 그렇듯 투명한 소통이 보장되지 않는 조건에서 생각하고 써야 하는 것이다. 의미는 잡음 없이 매끄럽게 전달되지 않을 것이다. 그런 사실을 생각하면 말은 물처럼 흘러나오지 않고 자꾸 맥이 끊긴다. 우리는 불투명하며, 우리라는 인칭은 진동한다.

누가 '나'인가

그런 사실은 결국 나 자신을 향한 물음에 이르게 된다. '나'는 단수로 존재하며, '나'는 나 자신에게 자명한 존재인가.

이제 앞서 인용구를 통해 꺼내놓았던 화두에 관해 생각을 조금 더 이어나가면서 글을 맺어야 할 시간이 되었다. '전 세계를 타향이라고 여기는 인간', 그리고 '의미로서의 미래.'

결국 홀로 다니는 여행자는 여행에서 자신을 가장 자주 응시한다. 오랫동안 움직이는 기차에 앉아 나 자신과 한자리에 있다보면 자신에게로 돌아왔다는 느낌을 받는다. 진정 자신을 만날 수 있는 곳이 반드시 집은 아니다. 집 안의 가구들은 자기들이 변하지 않는다는 이유로 나 또한 그대로여야 한다고 주장하려 든다. 일상의 배치는 나를 어떤 나로서 묶어두려 한다. 그러나 바깥으로 나와 낯선 사건을 겪다보면 내게 중요했던 사색이나 감정과 다시 대면하곤 한다. 혹은 내가 낯설어지곤 한다.

나는 나를 데리고 다니며 낯선 현실 속으로 들어간다. 그 과정에서 나의 내면에서는 대가로 치러야 할 부조화가 깃든다. 그 사태가 심각해지면 안에서 무언가가 부서진다. 그리고 나의 신체는 여러 힘들이 충돌하는 장이 된다. 나의 신체는 반응하고, 감각하고, 바깥 것을 쉽사리 받아들이지 못한 채 자신의 관성을 따른다. 육체는 낯선 현실이 흔적을 각인시키는 표면이요 끊임없이 풍화되는 한 권의 책이다.

그리고 나는 그것들을 쓴다. 나는 여행지라는 무대 위의 배우이자, 무대 앞의 관객이자, 무대 뒤의 연출가다. 그 연기가 지속되면 나의 자아는 분열되어 극 중에 이방인, 미지의 존재가 등장한다. 그들은 나의 분열상이다. 그것이 한 편의 연극이 되려면, 한 편의 글이 되려면 그런 '나'들 사이에 어떤 번역이 일어나야만 한다.

바로 그런 번역 행위를 통해 나는 소망한다. 궁극적으로 나 자신을 탐구할 수 있기를. 나는 나에게조차 타자일지 모른다. 고향 상실의 상황에서 타인의 고향에 발을 들여놓으려면 자신이라는 고향을 거부해야 한다. 그러나 타인들의 품속에서 자신을 인식하는 과정을 거치며 다른 나를 찾게 될 것이다. 수평적인 이동의 경험을 매개 삼아 나를 수직으로 파고든다. 결국 나는 그 세계로 들어가고 싶었던 것이다. 낯선 환경에 둘러싸이고 안정감 없는 생활 속에서 할 수 있는 데까지 나의 근원을 캐보고 싶었던 것이다. 거기에 의미로서의 미래가 있다.

그런 갈망에 떠나왔다. 그리고 나는 방황한다. 내가 방황하는 것은 고향에서 멀어졌기 때문이 아니다. 나 자신으로부터 멀리 떨어져 나왔기 때문이다. 그리고 나는 멀리 떨어진 나 자신으로부터 다시 조금 더 이동하려고 한다. 나는 묻는다. 언제까지냐고. 나는 답한다. 내가 나라는 세계의 윤곽을 잡을 때까지라고.

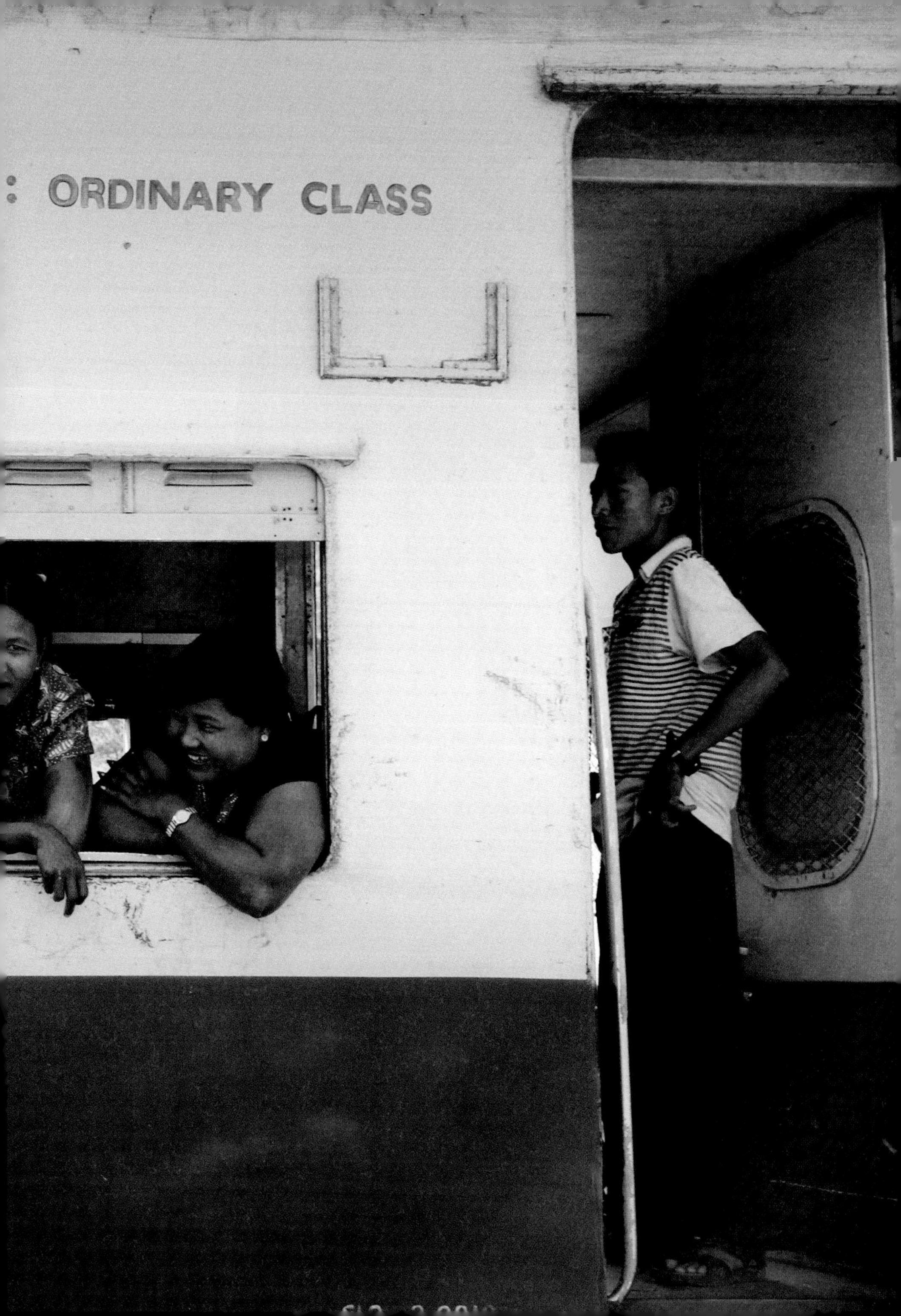
: ORDINARY CLASS

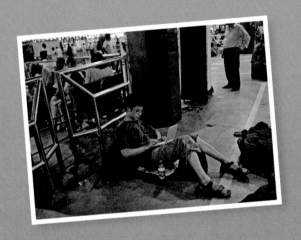

사진을 편집해주신 윤성진(사진세계) 님께 감사드립니다.